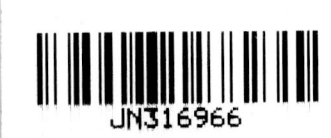

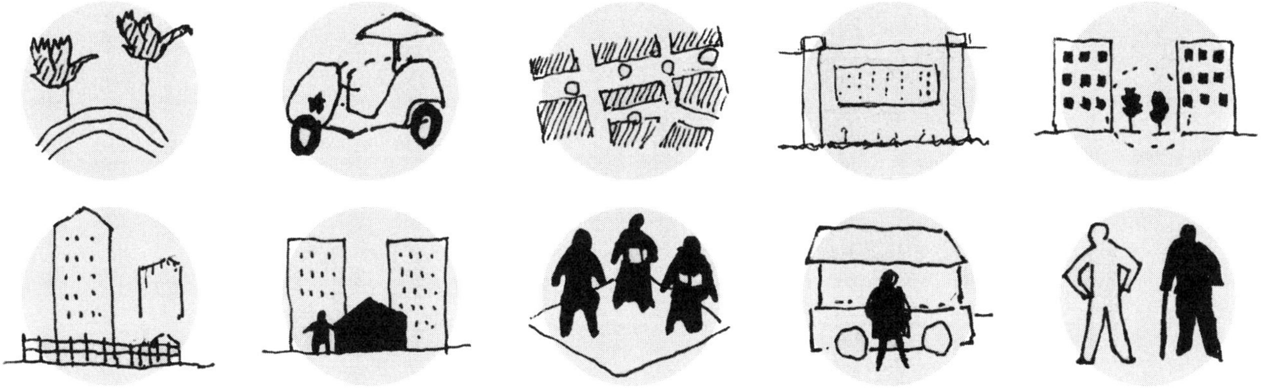

自分にあわせてまちを変えてみる力

韓国・台湾のまちづくり

饗庭 伸［編著］　秋田典子　内田奈芳美　後藤智香子　鄭 一止　薬袋奈美子

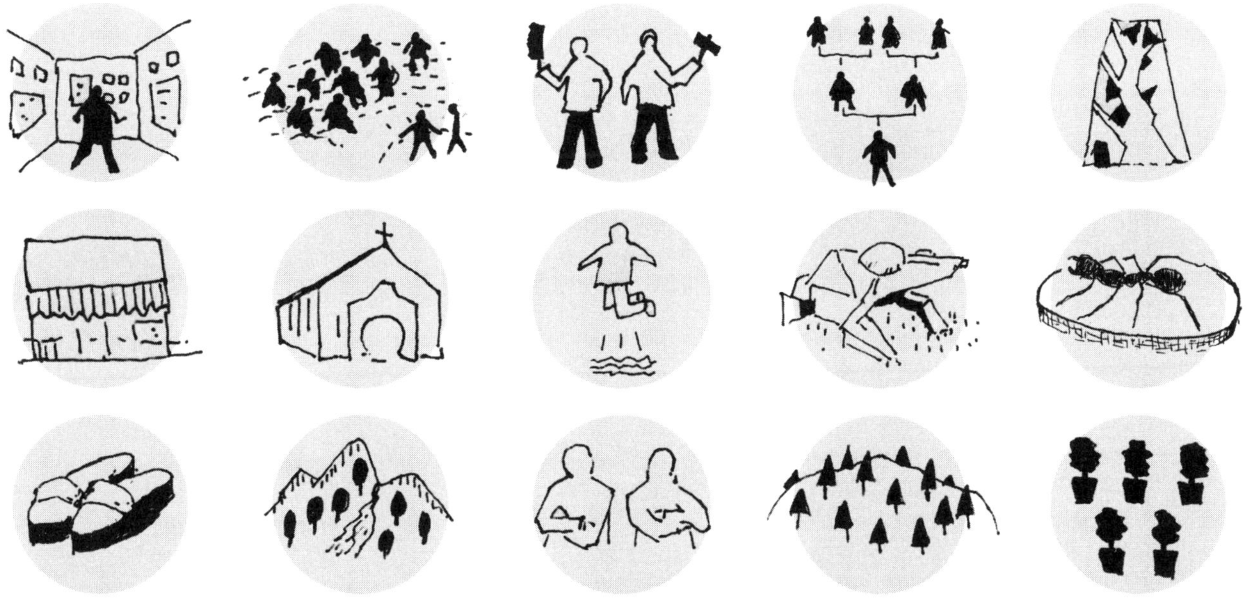

萌文社

はじめに

遠く欧米のまちについては旅行やテレビを通じて断片的に知っていても、お隣の韓国や台湾のまち並み、そこでの人々の暮らしがどうなっているかは、意外と知らないことが多いものだ。

私たちは、日本のまちづくりと韓国や台湾のまちづくりがお互いにどのように影響を及ぼし合っているのかを知りたいと思い、2006年から現地を訪ね歩き始めた。そこで出会ったエネルギーあふれる人々に、私たちは圧倒されると同時に不思議と共感を覚えた。

この本に紹介されているすべての事例は、私たちが実際に現地に足を運び、そこに関わった地元の人から直接話を伺ったものだ。電車では到底行くことができないような場所にも、長距離高速バスに乗ったり、地元の人の自家用車に数時間乗せていただいたりして何とか辿りついた。苦労して現地に到着すると、いつも地元の方は私たちを大いに歓迎し、手づくりの心温まる料理でもてなしてくださった。それは丸ごと大根を干しただけのたくわんのような素朴な食べ物から、とても手の込んだ地域の伝統料理までさまざまであった。彼らは地元自慢の料理と同じように、それぞれ違うスタイルで自分たちのまちを良くする取り組みを行い、それを誇りにしていた。多くの現場に足を運ぶ中で、私たちはそこに共通する“何か”が「自分にあわせてまちを変えてみる力」であることを発見した。

日本と似ているようで何か微妙に違う、だけど共感できる韓国と台湾のまちづくりの根底に流れる「自分にあわせてまちを変えてみる力」。これは「みんなにあわせて」ではなく、「自分にあわせて」という部分がミソだ。

本書で何度も述べられているように、「自分にあわせてまちを変えてみる力」と「民主化」という概念は切り離すことができない。アメリカの民主化について深い洞察をしたトクヴィルは、民主化の進行過程では平等という概念の中で価値の同質化が進み、多数が力を持つ一方で、個人の力が失われることを指摘している。

このことを踏まえると、「自分にあわせて」まちを変えてみる行為は、韓国や台湾における民主化の進行と、これによる課題に立ち向かおうとする動きの双方が入り混じった運動だと位置付けることもできる。まちづくりの現場に流れこんできた大きな民主化の渦の中で、個人の中にある公共性にも光を当てていこうとする力が「自分にあわせて」という主体性を生み出している。

一方、「まちを変えてみる」行為は、実際に自分の身体を動かして空間を変化させることや、制度を通じて空間の意味を変容させてゆく活動である。「まちを変えてみる」ことで生まれる現実の空間や仕組みの変化は、社会を変化させる力が自分にも備わっていることを教えてくれる。

本書では「自分にあわせてまちを変えてみる」さまざまなパターンを示している。どんな活動にも固有の価値があるからだ。本書を通じて、誰にも「自分にあわせてまちを変えてみる力」が備わっていて、「自分にあわせて」「まちを変えてみる」ことが、社会を動かす原動力になることが伝われば何よりである。

2016年2月

共著者を代表して　秋田典子

参考文献：トクヴィル著・岩永健吉郎訳『アメリカにおけるデモクラシーについて』中央公論新社、2015

CONTENTS

book design and illustration　酒井博子

本書は、一般財団法人住総研の2015（平成27）年度出版助成を得て出版されました。

第１章

自分にあわせて
まちを変えてみる力

1 アジアの地図をやわらかい頭で見てみよう

「自分にあわせてまちを変えてみる力」とは何か。まずは見慣れた地図を眺めることからはじめよう。

誰しもが小さなときに、アタマを下げて自分の足の間から逆さまの世界を見る、という遊びをしたことがあるだろう。見慣れた世界を回転するだけで、見慣れない世界が現れる。

そのときと同じように、今また、アジアの地図を回転してみよう。逆さ日本地図は日本海を中心に、その周辺の世界をぐるりと回転したものである。太平洋側を経済活動の中心として考える日本の国土像がひっくり返り、経済的に条件不利地域であると言われる日本海側のポテンシャルが違った形で見えてくるはずだし、朝鮮半島やロシアとの関係も違って見えてくる。

フィリピンを中心にアジアの国々を回転したものがアジア回転地図である。ニューギニア、インドネシア、フィリピン、台湾、日本列島からなる、群島のつらなりが浮かび上がってくる。島と島に囲まれた小さな海が連続し、先ほどの日本海を囲んだ小さなユニットだけでない、たくさんの「島と小さな海」のユニットが見えてくる。

次は、国境を消してみよう。世界を、国家という大ざっぱな単位ではなく、日本の「都道府県」程度の小さな単位で区切ってみる。日本は47の区域に分かれ、韓国は８つの道（広域市と特別市を入れると合計16）、台湾は15の県と７つの直轄市に分かれる。小さな地域のつらなり地図を見ると、世界は小さな地域がつらなったものである、という認識を持つことができる。

最後に地図を変形させてみよう。ある地点からある地点がどれくらい離れているかを表すとき、まず考えられるのが「ＡからＢまで○キロメートル離れている」という距離だ。これは幾何学空間上の距離ということで、「ユークリッド距離」と呼ばれる。一方で、同じユークリッド距離でも、実際に道が複雑に曲がりくねっている場合はより遠く感じる。距離を、その場所に到達するまでの経路の距離で表現するというやり方もあり、「ネットワーク距離」と呼ばれる。同じネットワーク距離でも、歩く場合と自転車で動く場合は、移動にかかる時間は変わってくる。そこで、距離を実際にかかる時間で表現する地図が「時間地図」である。日本地図を東京を中心とした時間地図で描いたものの上に飛行機を利用したアジアの主要都市と東京との時間地図を重ねた地図を10頁に示す。世界の意外な「近さ」を発見できるはずだ。

私たちがこの本で前提としてほしいのは、こういう世界観だ。つまり、あまり固定的な関係に捉われず、世界を相対化するということ、それを小さな単位に分け、それぞれに個性のある地域の集合として世界を認識すること、そして、自分の住むまちの延長上の、隣り合う世界としてそれを認識することである。

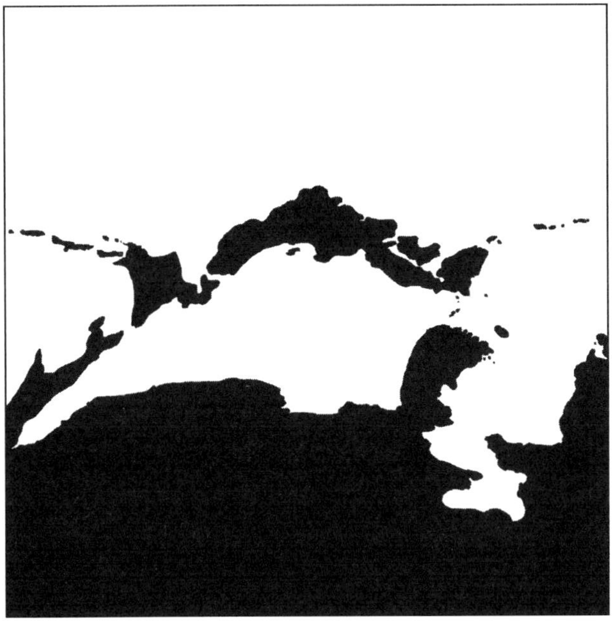

逆さ日本地図

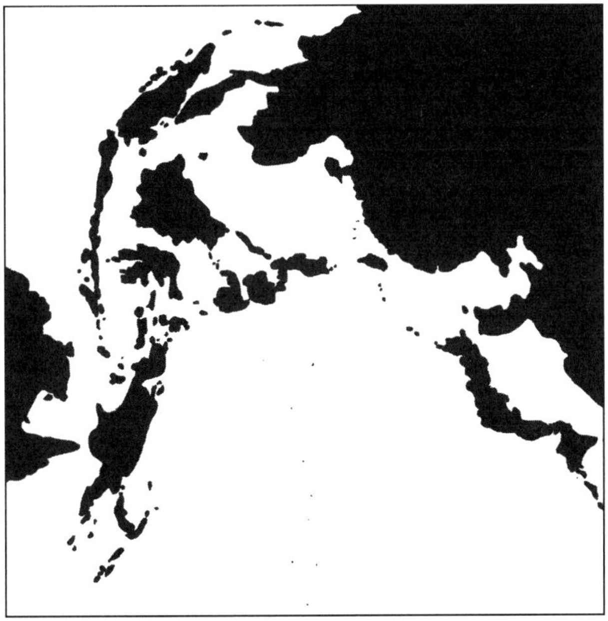

アジア回転地図

小さな地域のつらなり地図

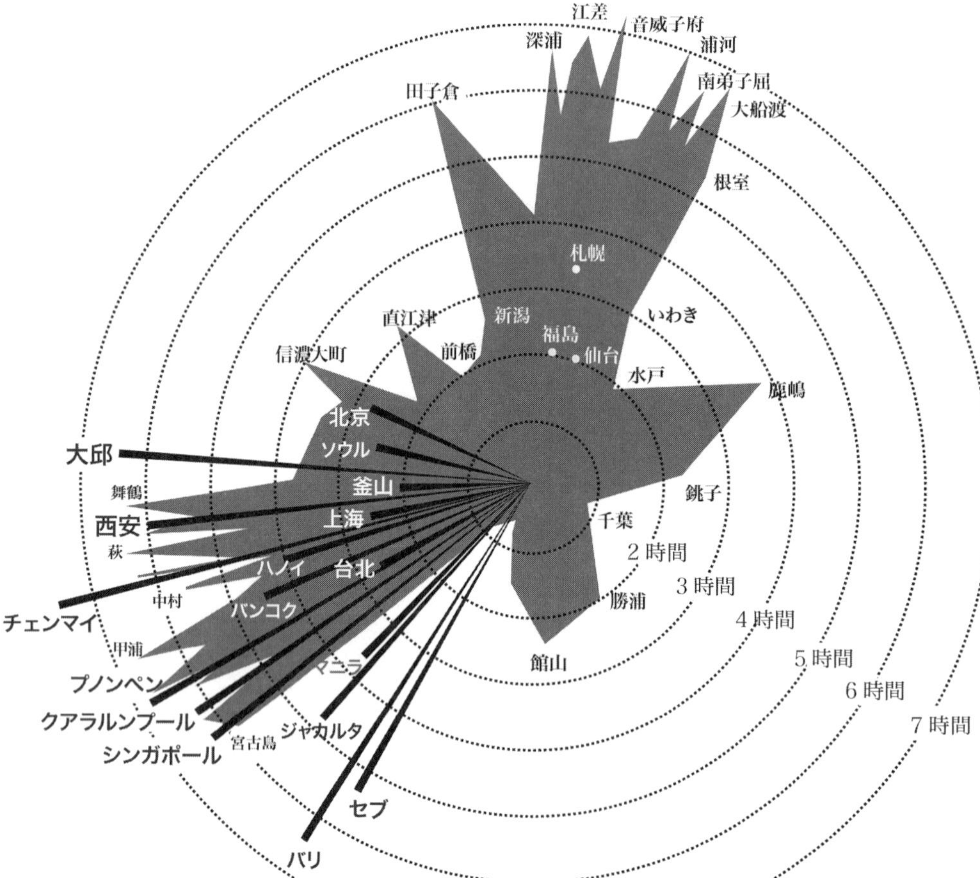

東京を中心とした日本とアジアの時間地図

※黒地が時間地図で描かれた日本列島であり、その上にアジアの主要都市への時間距離を重ねた。

2　隣りの国を見に行こう

この本には、韓国と台湾の「まちづくり」の現場で私たちが発見したことが詰まっている。まちづくりとは、まちに住む人たちの手によって、自分たちのまちの環境をつくったり、守ったりする活動のことである。同じような動きが韓国や台湾にもあると聞いて、出かけて行ったのが10年前の2006年のこと。韓国で「マウル・マンドゥルギ」と、台湾で「社区総体営造」と呼ばれる動きを、見に行く中でできたのがこの本である。

では、隣りの国を見に行くことにはどういう意味があるのだろうか。

「まちづくり」に似た言葉に「都市計画」があるが、日本の都市計画は、かつては西洋から学ぶことでスタートした。例えばロンドンを模してつくった明治時代の東京の丸の内や銀座の煉瓦街が有名である。しかしそれから100年、あなたのまわりを見回して、そこがロンドンらしくないことからわかるとおり、「西洋っぽい」場所が成立したのはいくつかのエリアだけ、残りの大多数の場所は、日本の風土が持っている、目に見えない力によってつくられてしまった。

そうやってできてしまったあなたの身のまわりのまちの景観について、「西洋っぽくないから嫌い」という人はどれくらいいるだろうか。「西洋っぽいのが好き」な人が少なからずいることは理解できるが、「西洋っぽさ」は社会が目指すべき方向として捉えられておらず、それは好みの問題として捉えられているのが現実だろう。つまり、かつては西洋を絶対視し、西洋のようになることをゴールとしてそのすべてを取り入れようとした。しかし私たちは、それを並列化し、相対化する視線をとうに手に入れている。「絶対視」ではなく「相対化」が、よりよいまちづくりを目指すときのキーワードである。

「絶対視」は、すべてをまねすればよいので簡単だけれども、「相対化」はどうすれば可能なのだろう。まちづくりをよりよいものにするための「よい相対化」を、どう実践していけばよいのだろうか。

「よい相対化」の対象は遠い国ではない。気象も制度もまったく異なる国を相対化するとなると、全体が違いすぎて、一つひとつの細部を比べるだけの、断片的な相対化になってしまう。そうではなく、全体像が似ているから、全体像もつかみやすく、相対化もしやすいのではないだろうか。

私たちに必要なのは、遠い国に追いついて、まねをすることではない。そうではなく、近くの国を見て、並列な関係を意識し、全体像から小さなアイデアまでを交換することによって、「よい相対化」ができないだろうか。

こうした観点から注目したのがマウル・マンドゥルギや社区総体営造であり、隣りの国を見に行くことには、そういう意味がある。

3　「自分にあわせてまちを変えてみる力」を発見しよう

韓国と台湾の現場に足を運びながら、これは一体なんだろうと考えることが多くあった。ニューヨークにできた最新のファッショナブルな場所を見ているわけではない。ドバイにできた先端技術の粋を集めた超高層ビルを見ているわけでもない。「先端」や「最新」といった価値観を外したところにある世界である。すばらしいデザインばかりでもなく、素人臭いデザインも多数である。「つくっている途中なのか？」と首を傾げてしまう半端なものもあった。

だけれども、どこに行っても住民たちが満面の笑みで迎えてくれること、そして何より、自分たちのまちに持ち帰って実践できるんじゃないか、という気持ちになることが、その最大の魅力であった。どの事例をとっても、ちょっとした発想の転換と、ちょっとした工夫の産物である。

そして重要なことは、これらがどうできたのか、どうつくられたのか、どれくらいの力がそこに結集されているのか、それらのことが一目見てわかることである。

例えば、家電や自動車といったプロダクトは、完璧であろうとするあまり、その成り立ちをその外観から隠してしまっている。しかし、私たちが見たものはその正反対である。見て、触って、体験して、さらにはそれに関わった人の話を少し聞くことさえすれば、自分たちでもつくれそうな気になり、自分で手を動かしたり、まわりの人に提案をしたくなってくる。

それは、自分たちの内側にある力が、共鳴し、引き出されているような経験であった。私たちの内側にあるその力、「隣りの国を見に行く」ことによって引き出されてきたその力をこの本では「自分にあわせてまちを変えてみる力」と名付けることにした。

この本は、「自分にあわせてまちを変えてみる力とは何か？」を理屈っぽく説明するためにつくられた本ではない。この本は、私たちが見つけてきた「自分にあわせてまちを変えてみる力」が満載された多くの取り組みを整理する。そのことによって、読者の中にある「自分にあわせてまちを変えてみる力」を呼び覚ますことができないかと考えている。

韓国や台湾の人々がこの力に優れているからそこに学びましょう、ということを伝えたいわけではない。韓国は空間的にはかっちりしているが、ある部分においては思い切ったことをやっている。台湾は空間的にはちょっとルーズだが、ある面では融通が利かないこともある。

それぞれの国に「よいところ」と「わるいところ」があり、もちろん日本も同様である。特徴を持つそれぞれの国を相対化することを通じて、自分の中にある力がふるいにかけられるようにあぶり出されてくる。だから、台湾の人たちにとっては、日本や韓国が「自分にあわせてまちを変えてみる力」を発現するきっかけになるだろうし、韓国の人たちにとっても同様のはずである。

都市の
「手づくり」デザイン

小さな公共交通

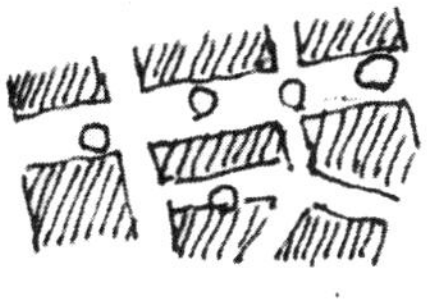

ギャラリー商店街

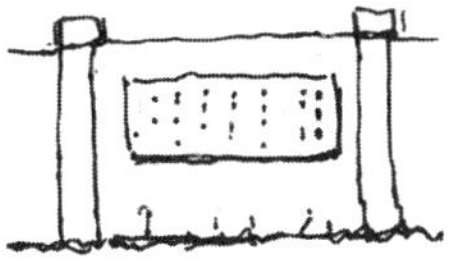

壁にこだわる

一時的な都市のすき間で

そのまま
ゲーテッドコミュニティ

引越し好き社会の
コミュニティ

学びからはじまる
健康づくり

屋台のおばちゃんを
助ける商店街

健康コミュニティ

情熱のPR作戦

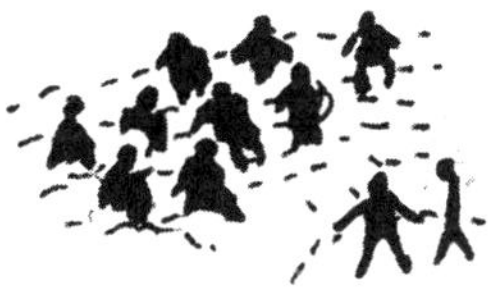

マダンで
どこでもパーティー

自分の手で
家を直そう！

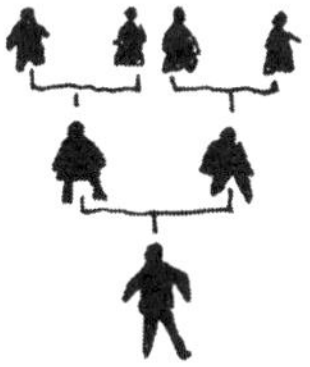

若者たちの
たくましい選択

地域に幹を立てる

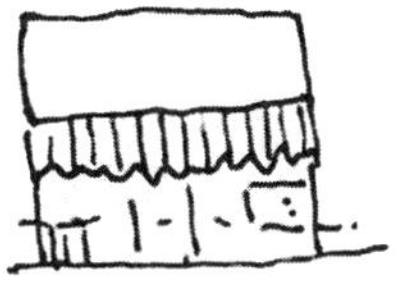

自分のための
お店をつくる

地域の由来を
掘り起こす

何でも資源に

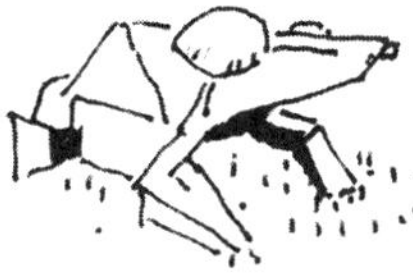

観光資源になった
カエル

まちづくり土産を
つくろう

工芸品で美意識向上

地域で何をみつけるか

手段を選ばず
環境を守る

里山保全により
つながるまちづくり

小さな緑の養子縁組

4 少しズレた世界から学ぼう

最近は勢いがなくなっているとはいえ、韓流ドラマはすっかり日本に定着した。なぜこれほどまでに、韓流ドラマは日本で受けたのだろうか。

いろいろな説があるが、それは韓流ドラマが日本に「ありそうでない」パラレルワールドを見せているからではないだろうか。ドラマを観ると、舞台設定も、物語の展開も、俳優さんの顔も、私たちが見慣れている日本のドラマの作り方とは少しずつ異なる。少し異なるものが少し異なるものに継ぎ合わされ、結果的には日本のドラマとは少しだけズレた物語がそこで展開されているわけだ。その「ちょっとしたズレ」がおもしろく、ズレを感じることを通じて、いわばパラレルワールドを楽しむような感覚で韓流ドラマがおもしろがられているのではないだろうか。

「少しズレた世界がおもしろい」ということは、この本で取り上げる韓国や台湾の事例にも当てはまる。

写真は台湾の大雁という町のまち並みである。これを見たあなたは、「日本とは違うけれど、何か似ているな。ズレているな」という感じを受けたのではないだろうか。看板の文字が「ズレている」感じの根源かもしれないし、壁の材料かもしれない。あるいは、写真に写り込んでいる、現地の「空気の色」が異なるということなのかもしれない。実はここはかつて日本人が多く住んでいたところなので、まち並みの形成には日本人の社会が大きく関わっている。しかしそれから長い年月を経て、私たちの目の前にひょっこり姿を現したこの風景は、長い年月の間で違う方向に育ち、「日本にもあり得るかもしれないが、日本のどこにも存在しない風景」となって私たちに迫ってくる。

ハングルで詩が書かれたプレートのかかった壁のある風景を見てみよう。「壁に詩を掲げる」ことはとても簡単なことなのに、日本のまちに掲げられるのは、たくさんの看板とせいぜい標語のたぐいであって、詩を見かけることはほとんどない。今まで日本のどの町にもなかったものではあるが、逆にこれを見て「日本にはあわないな」と思う人も少ないだろう。今まではなかったアイデアかもしれないが、パラレルワールドのようにあり得たかもしれない世界がそこに広がっているのである。

「自分にあわせてまちを変えてみる力」を知ることは、この「ズレ」を感じるところから始まる。韓流ドラマが日本のドラマや音楽に大きな影響を与えたように、お互いのズレが相互に影響を及ぼし合い、良いところをお互いに交換し合う。こういったことが起きてくるとすばらしいだろう。そのことがそれぞれの地域における「自分にあわせてまちを変えてみる力」の発現につながり、空間や制度をつくり出していく。その積み重ねが、個性のある地域の集合としての世界をつくり出していくことにつながるのである。

大雁のまち並み

壁に詩を掲げる

5 「自分にあわせてまちを変えてみる力」を信じてまちづくりを進めよう

さて、「自分にあわせてまちを変えてみる力」をもって、どのように「よいまちづくり」を進めようか。大事なことは「伝統」とか「正統性」にはこだわりすぎないことだ。

例えば、台湾の白米につくられたサンダル会社を見てみよう。ここは地域の伝統産業である木サンダルの工芸品の製造販売をする、地域のまちづくりの中心的な建物である。そしてこの建物は、道路沿いに打ち捨てられていた企業の社員寮を、地域の住民たちが改築したものである。資金が乏しい中の現実的な選択肢として、彼らはこの建物を譲り受け、増築し、自分たちの手で装飾を施していった。窓のつくり方、壁の装飾など、一つひとつのデザインを地域の文化の伝統や正統性からと照らし合わせてみると、この建物はいかにも好き勝手なことをやっているように見える。

ほかの３つの風景も同様である。台北のコミュニティセンターの前にはつくりものの鳥が飛び、光州のコミュニティセンターの外壁には詩が貼り付けてある。そして、韓国のまちなかの壁には伝統的な雰囲気を持つ意匠が凝らされている。

地域の建築文化の伝統や正統性にこだわるとなると、例えば歴史的な建物をていねいに修復したり、そっくりそのまま復元したりする、ということになる。その作業は、一つひとつの部分を吟味し、混ざり込んでしまった余計なものは取り除き、ある規範に基づいて空間を絞り込んでいくという厳密な作業をともなうものである。時間もお金も手間もたっぷりかかる作業である。もちろん、こういった作業が重要であることは言うまでもないが、すべての空間に対してこの作業が可能なわけではない。またこの作業は、税金を持っている政府や、資金がたっぷりあるお金持ちに任せるしかない。では、まちづくりはどのようなスタイルで進めたらよいのだろうか？

そもそも「伝統」や「正統性」がどのようにつくられてくるか考えてみよう。普通の人々の生活の中でさまざまなものが混じり合った結果から空間や習慣が生み出され、それが長く続くことによって、生まれてくるものが伝統や正統性である。では、まちづくりを、人々が自分たちの手でさまざまなものを混じり合わせ、自分たちの手で空間や習慣をつくり出すプロセスとして捉えることはできないだろうか。

そう考えると、まちづくりにおいて発現する「自分にあわせてまちを変えてみる力」こそが伝統や正統性をつくり出すものであると考えることができる。そこからは博物館に飾られるような文化ではなく、人々の手によってつくり出された、本当の意味での文化が生み出されてくる。それを伝統や様式で整理するのは後世の歴史家に任せておけばよい。まちづくりにおいて自分たちの手で作業した私たちこそが、伝統や正統性をつくり出すのである。

白米のサンダル会館

台北のコミュニティセンター

光州のコミュニティセンター

韓国のまちなかの壁

6 身のまわりの環境の小さな民主化を進めよう

例えば原子力発電の問題や大災害の問題など、社会には大きな問題、大きな物語が転がっている。それに対してまちづくりのような小さな物語では、社会を変えることができないという批判もあるかもしれない。取り組まなくてはいけない大きな物語がたくさんあるのに、手づくりで遊具をつくることに何の意味があるのか、壁に詩を貼ることに何の意味があるのか。

しかし、大きな物語を変える原動力になってきたのは、「小さな物語」であることを忘れてはならない。原発に対して怒る力、大災害の復興に取り組む力の源泉はどこにあるのだろうか。それは私たちが身のまわりにつくり出してきた、小さな居心地のいい世界を乱暴に壊されたことに対する怒りや悲しみではないだろうか。大切な場所を持たない人、幸福な空間を持たない人は何も守るものがない。小さな物語を紡げない人は、大きな物語を変えていくことはできないのである。そしてもちろん、その「小さな物語」は誰でもつくることができるのである。

韓国と台湾と日本は、東アジアの中でも安定した民主化社会を持つ。選挙が混乱なく運営され、私たちはそれを通じてリーダーを選ぶことで、社会へ意思を表明することができる。しかし、私たちが日々実感しているように、その民主化社会は、社会全体をきちんとていねいに運営するには大雑把で不十分である。何年かに一度の選挙では私たちの必要なことを政治家にすべて伝えることは難しく、政治家がいくら努力してもそのギャップを埋めることは難しい。

韓国と台湾は1980年代の後半に、日本は1945年にそれぞれ民主化を果たしているが、その民主化を「大きな民主化」と呼ぶとすれば、「大きな民主化」のもとでは知らない間に重要な政策は決まってしまい、私たちが大きな物語を変えることはとても難しい。

この本で取り上げる「小さな物語」をつくることは、民主化された「小さな制度」と「小さな空間」を、身のまわりの環境に、自分たちでつくり出していく、ということである。「小さな物語」をつくることは「大きな民主化」に対する「小さな民主化」である。それは大きな民主化の不格好さや大雑把さといったギャップを埋めていくことであり、私たちは身のまわりの環境の小さな民主化を通じて、民主主義を再発見して、再定義しているのである。

マウル・マンドゥルギ、社区総体営造、まちづくりとは、「身のまわりの小さな民主化」の一つの形であり、私たちはあちこちでマウル・マンドゥルギ、社区総体営造、まちづくりに取り込むことによって、大きく民主化された社会の中のあちこちに、小さくていねいに民主化された制度と空間をつくり出していく。このことはモザイク状に複合した民主化社会をつくり出していくことにつながるのである。

仁安醫院

日出奇岩

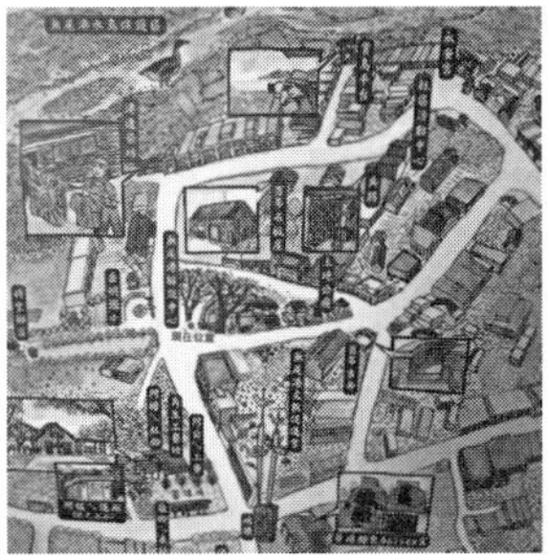

この本のつくり

ここまで、「アジアの地図をやわらかい頭で見てみよう」、「隣りの国を見に行こう」、「『自分にあわせてまちを変えてみる力』を発見しよう」、「少しズレた世界から学ぼう」、「『自分にあわせてまちを変えてみる力』を信じてまちづくりを進めよう」、「身のまわりの環境の小さな民主化を進めよう」の６つの「やってみよう」という言葉を通じて、マウル・マンドゥルギ、社区総体営造、まちづくりを学ぶ意味や方法を確認してきた。

ここから先のこの本は、「小さな民主化」が織り成す、一つひとつの「小さな物語」をしっかり伝えるところから始めている。

前半部分では、私たちがアジアを巡る中で見つけた「自分にあわせてまちを変えてみる力」を25のカタログにまとめた。網羅的な百科事典ではなく、あくまでも私たちが見つけたもののカタログである。例えば、私たちは台湾の南の方はあまり行っておらず、すべての地域から事例を集めたわけではない。小さなところからおもしろいものを積み上げていこうと考えた結果である。

なぜ、日本も含む３つの国で「小さな民主化」が可能になっているのか。後半部分ではその背景を読み解く二つの材料を揃えた。

一つ目は「自分にあわせてまちを変えてみる力」についての、４人の専門家とのダイアローグである。ランドスケープデザイナーの石川初氏、社会学者の加藤文俊氏、建築・都市史家の青井哲人氏、建築家の山代悟氏といった立場も専門性も違う４人の専門家とのダイアローグから、「自分にあわせてまちを変えてみる力」の意味が相対化されて浮かび上がってくる。

二つ目は３つの国のマウル・マンドゥルギ、社区総体営造、まちづくりのこれまでの歴史の比較である。それは、それぞれの国で、政府がつくり出した制度とつかず離れずの関係で成長してきた。「自分にあわせてまちを変えてみる力」が政府の制度の中でどのように活かされてきたか、育てられてきたか、３つの国の歴史を簡単に辿ってみる。

25のカタログはさまざまな事例を通じて「自分にあわせてまちを変えてみる力」を直感的に伝え、４人の専門家とのダイアローグと、３つの歴史はそれを理屈っぽく理解するためのものである。二つの異なるアプローチを辿って、「自分にあわせてまちを変えてみる力」の理解を深めていただければ幸いである。

6の「やってみよう」

25のカタログ

4人の専門家との
ダイアローグ

3つの歴史

第２章

デザインカタログ

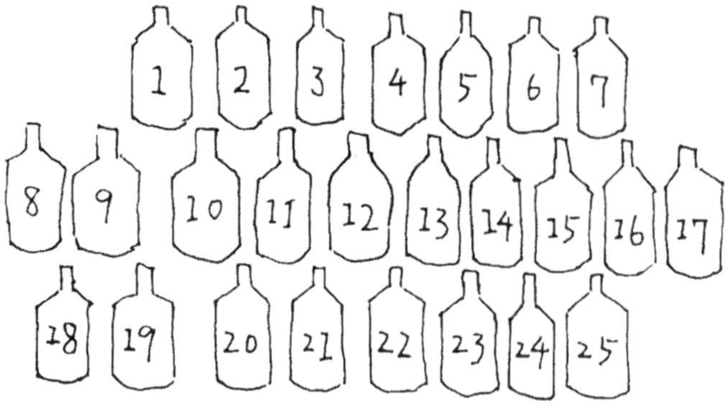
1
2
3
4
5
6
7
8
9
10
11
12
13
14
15
16
17
18
19
20
21
22
23
24
25

テーマ1

まちのカスタマイズ

Customizing Our Town

カスタマイズとは、使う人の好みや使いやすさに合わせて、服や自動車といった既製の製品の機能や外見を変えてしまうことを指す。ここにまとめるのは、人々がまちの中で「自分にあわせてまちを変える力」を存分に発揮し、まちを思い思いにカスタマイズした5つのケースである。
『都市の「手づくり」デザイン』では都市の中のさまざまな空間を、『小さな公共交通』ではトロッコや自転車を、『ギャラリー商店街』では古きよき商店街を、『壁にこだわる』では住宅や街路の壁を、『一時的な都市のすき間で』では大都市の都心に一時的に現れた小さな空間を、それぞれカスタマイズした取り組みを紹介する。

CATALOG
1

台北市士林区芝山岩 in TAIWAN

コミュニティセンターには白鳥のパネルがぶら下がっていてまるで飛んでいるようです

本物っぽく見えますが、全部置物です。手づくりデザインに、動物モチーフがあちこちで使われています。道ばたには音符のデザインも。

川沿い公園の広場に埋め込まれた手づくりタイルによる参加型デザイン。

台北市雙渓河濱公園 in TAIWAN

台北市北投区吉慶里 in TAIWAN

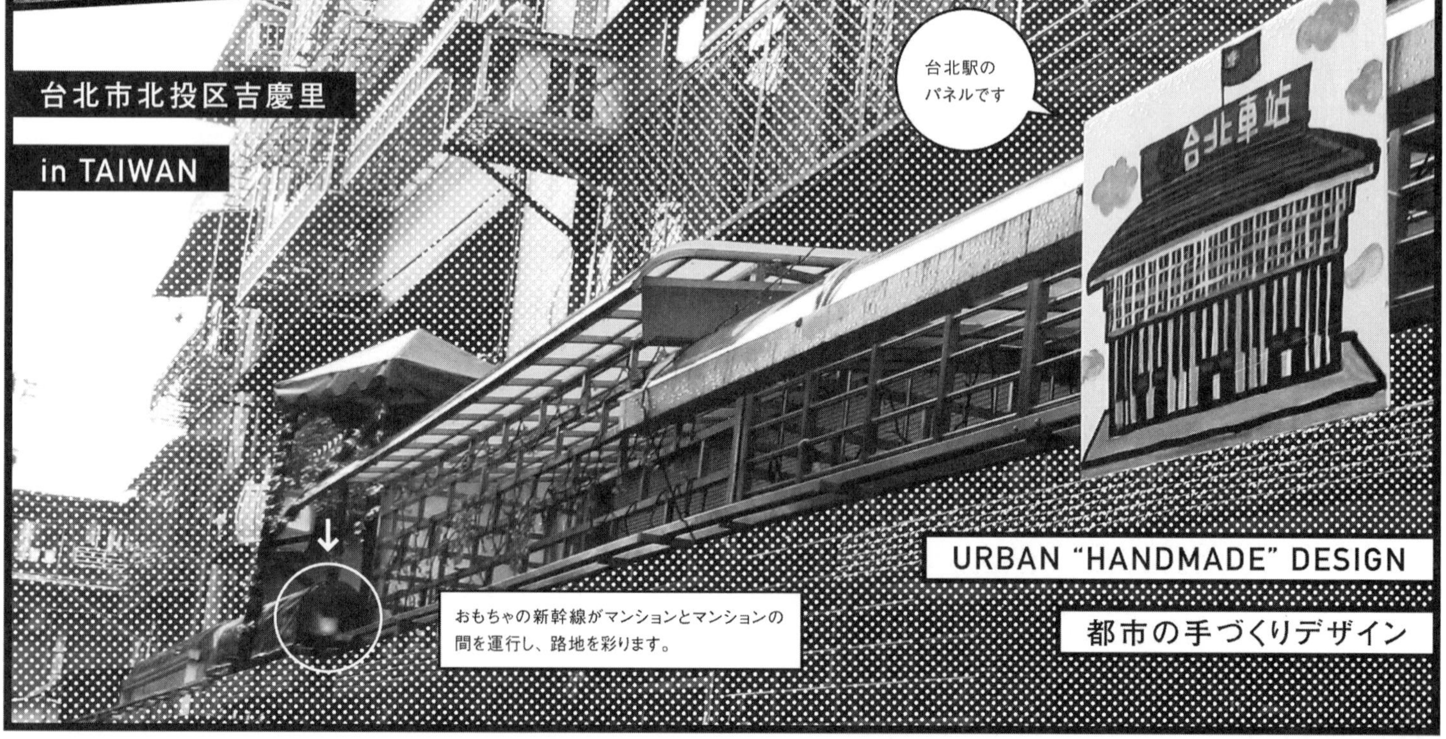

台北駅のパネルです

おもちゃの新幹線がマンションとマンションの間を運行し、路地を彩ります。

URBAN "HANDMADE" DESIGN

都市の手づくりデザイン

都市の「手づくり」デザイン

◇デザイナーなしの都市デザイン＝「手づくり」デザイン

都市を手づくりでデザインするってどういうこと？ そんなことできるの？ と思われるだろう。確かに、公共の空間はみんなのものであり、これまで主にプロの手でデザインされてきた。こういった公共空間のデザインを、日本語では「都市デザイン」と呼ぶ。この「都市デザイン」を積極的に行ってきた有名なところとして、日本では横浜市や世田谷区が挙げられるだろう。また、近頃では韓国・ソウル市は「デザイン都市」としての戦略をたて、都市デザインで都市競争力を高めようとしている。このように、公共空間の「都市デザイン」はプロが戦略的に手がける領域であり、手づくりで行われるものではなかった。

しかし、台湾・韓国の都市を見て回わると、公共空間のデザインに「自分たちのセンスの手づくりで参入しちゃえばいいじゃない！」という動きがあちこちで起こっていた。こういったことを、タイトルのように『都市の「手づくり」デザイン』と呼んでみることとして、ここではとくに台湾の事例に着目して紹介する。

◇コミュニティリーダーによる手づくりデザイン

台北市のある地域では、コミュニティの拠点となる建物の屋根の上に奇妙な手づくりデザインが施されている。まちの拠点にはなぜか空をはばたく白鳥のパネルが設置され、一緒に卵と巣のパネルまで設置されている。また、そのすぐ近くを歩くと、車の往来の激しい大通り脇の丘の上にバラバラに置かれたリアルなヤギの像が草をむしゃむしゃ食べている。なぜこのようなデザインが…？ と不思議に思ったのだが、話を聞いてみると、これは地域のコミュニティ・リーダーの趣味によるものらしい。この地域はそのほかにも、車がひっきりなしに通る広い道路の交差点のちょっとした広場を活用して、道路と緑地帯をさえぎる仕切りがあり、その仕切りはまるで音楽を奏でているように音符がおどるデザインとなっている。地域がリーダーの趣味による手づくりのデザインで埋め尽くされているのだ。これらの存在によって、なんだかよくわからない公共空間のデザインだけれども楽しい地域だと感じさせてくれる。

手づくり：地域の誇りづくり

参加型やリーダー型もあれば、住民が協力し合って自分たちで手づくりする公共空間のデザインも増えていった。図中の例は、華やかな公共空間の手づくりデザインで有名になっている地域の例である。この地域のとある路地では、住宅の間を手づくりデザインでつないでいる。とくに目を引くのは、住民の一人である引退した職人さんによってマンション間をまたいで敷かれたおもちゃの新幹線が走るような線路のある路地だ。あるマンションには台北駅を模したパネル、また隣りのマンションには高雄駅を模したパネルが設置されていて、その間を新幹線が行き来する。駅のパネルの脇にはロープウェイの模型まで設置されて、これまた精巧にくるくると動くのである。クリスマスのときには駅と線路とロープウェイ模型は、これでもかというほどキラキラの電飾で光る。

これらの手づくりデザインを見ようと、各地からこの路地を見物に来る人がやってきて、テレビのニュースでも取り上げられるほどの評判を呼んでいる。地元の人たちはこの手づくり感あふれる路地のデザインをたいへん誇りにしている。新幹線模型が何かの役立つ機能を持つわけでもなく、その地域の歴史とも何の関係もないデザインなのだが、むしろ新たな地域の特徴をつくり出して、外部の人たちも惹き付けている。これは、手づくりならではの独自性とキッチュさが魅力的なのだろう。（内田）

CATALOG
2

手づくりの生態公園を走るトロッコ。わずか２分ではあるが、ゆっくりと風景が変わっていき、楽しいことこのうえない。

小さな「公共交通」

白米社区 in TAIWAN

TRUCK
←

HANDMADE BICYCLE

大邱市 in KOREA

ユニークな手づくり自転車。小回りがきいてやたらと速い。目印にもなる赤い唐傘を持って乗る。

手づくり自転車にはいろいろな種類があり、子どもたちにも大人気。

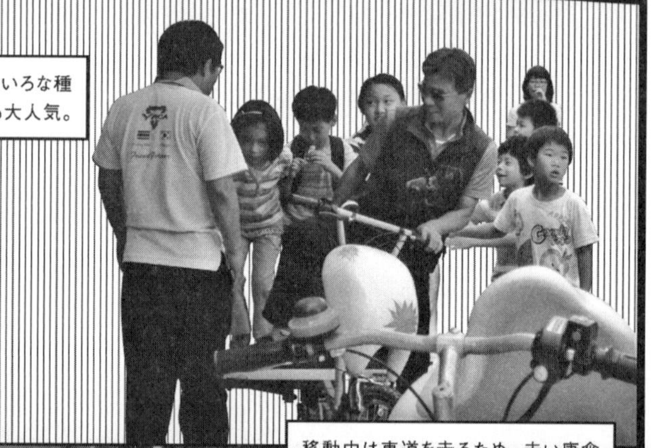

移動中は車道を走るため、赤い唐傘で自動車のドライバーに注意を促す。

不要になった自転車に、若手アーティストが自由にデザイン・ペインティングし、新しい乗り物として再生。

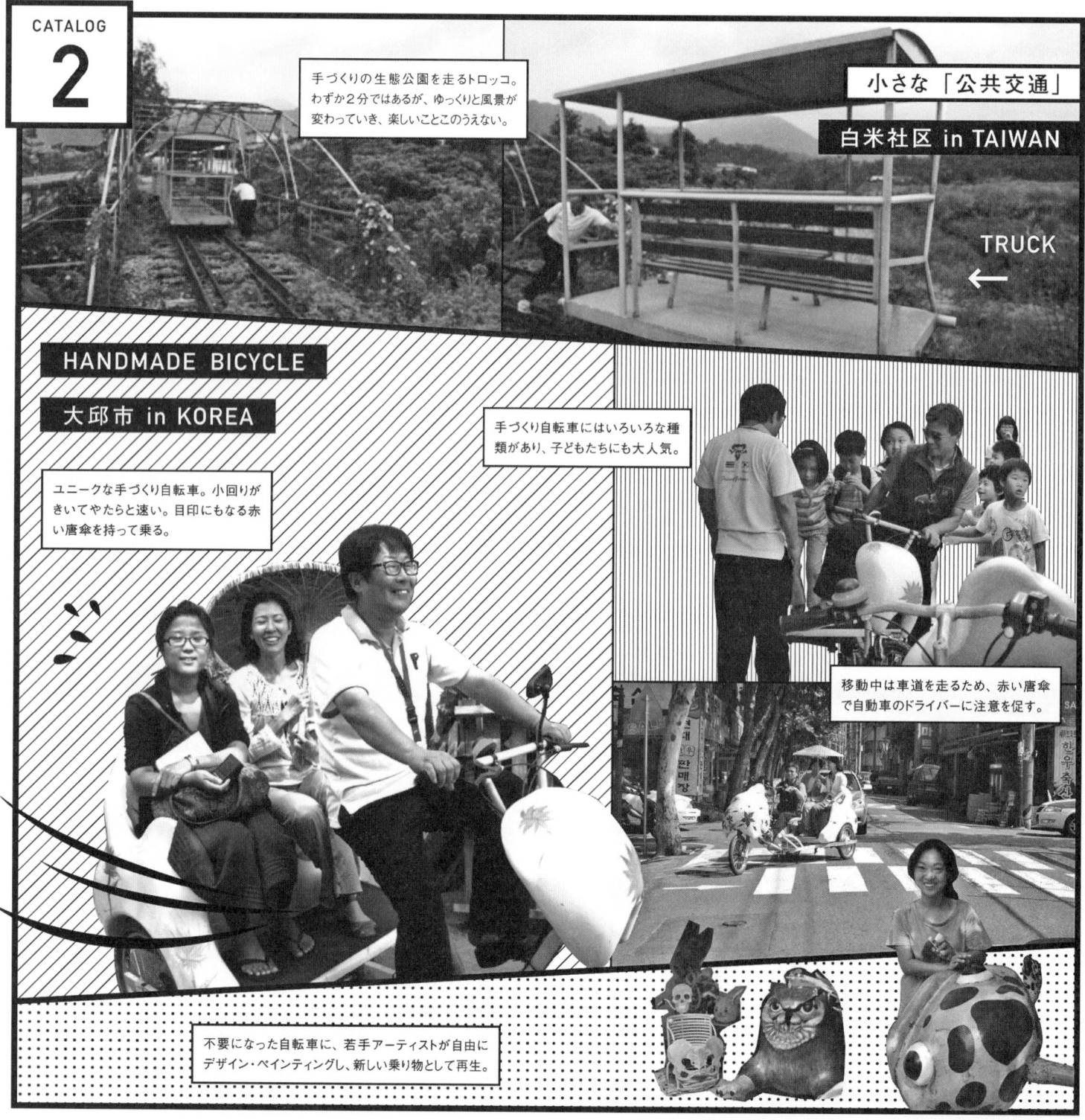

小さな公共交通

◇小さな公共交通とは

「公共交通」という言葉には、大げさな響きがあるが、その意味を原理的に考えてみよう。あなたが何らかの手段でどこかからどこまでかを動くことが交通であり、そこに誰かを乗せることでそれは「公共交通」となる。

その手段も柔軟に考えよう。東海道中膝栗毛には旅人を背負い大井川を渡る仕事が登場する。こういった「足による公共交通」から人力車、自転車、オートバイ、自動車、電車、飛行機に至るまで、その手段は段階的に存在している。

交通の目的は言うまでもなく「移動」にあるが、「車窓から知らないまちを眺める」という経験も目的の一つになる。公共交通では、見知らぬ人同士が同じ乗り物の中で経験を共有する。公共交通をデザインするということは、そこで過ごす時間や経験をデザインするということであり、まちづくりでは小さな公共交通がしばしばデザインされる。

台湾と韓国で発見した２つの事例を見てみよう。

◇台湾のトロッコ

台湾の白米社区に手づくりの公園がある。環境問題にルーツを持つこの地区は、既存の空間を住民自らの手によって徹底的に再利用しており、この公園も駅舎の再利用である。ここを訪れたとき、公園の片隅にあるトロッコに案内された。打ち捨てられたトロッコの再活用である。数人が乗れる小さな車両に乗り込んだあとに、おもむろに人力でトロッコを押し始めたのには驚いた。そして、しばらくたったところで押している人が飛び乗り、そこからガタゴトとわずか２分の旅を楽しむことになった。公園の中を抜けて、ゆっくりと風景が変わっていき、さまざまな手づくりの空間が現れる。「移動」という目的からするとほとんど意味はないが、そこで目に映った風景は、ほかの移動手段では決して見ることのできないものであった。「そこで過ごす時間や経験をデザインする」という目的を見事に実現した「小さな公共交通」があったのである。

◇韓国の手づくり自転車

韓国の大邱（テグ）では、ユニークな手づくり自転車が活躍している。不要になった自転車に人を乗せるための荷台をつけ、若手のアーティストが自由な発想で全体を新しくデザインしたものである。動物の形をしたものやおばけのようなデザインのものもあり、見ているだけで楽しくなる。この自転車再生工場は、アーティストが働く場にもなっている。

手づくり自転車はベロタクシー（自転車型人力タクシー）と同じ原理であるが、小回りが利き、しかも早い。荷台に乗ると、トレードマークの真っ赤な唐傘を渡されるや否や自転車は急発進する。片手を傘に取られているため、自転車から振り落とされないように荷台につかまっているだけで精一杯だ。

何とか体制を保っていると、自転車はスイスイとまちを抜けて小学校に慣れた様子で入っていく。するとあっという間に大勢の子どもたちが自転車に駆け寄ってきて、乗せて乗せてと大はしゃぎ。運転しているおじさんはすっかりヒーローだ。もとは不要になったポンコツ自転車なのに、ほんの少しデザインするだけで人気者になれる。この公共交通は、乗り物自体を楽しくすることで、移動をいっそう楽しい経験にしている。

なお、赤い唐傘は自転車をおもしろい乗り物として目立たせることが目的ではない。車道を走る手づくり自転車に対し、自動車のドライバーの注意を促すためである。移動をエンターテイメントにしながら、安全性や雇用にもしっかり配慮がされている楽しい自転車には、地域の知恵と未来への夢が詰まっている。

小さな公共交通に乗ると、子どものようにわくわくする。それはつくり手の夢や希望と一緒に乗るからである。（饗庭・秋田）

CATALOG

3

仁川市富平商店街 in KOREA

GALLERY STREET ギャラリー商店街

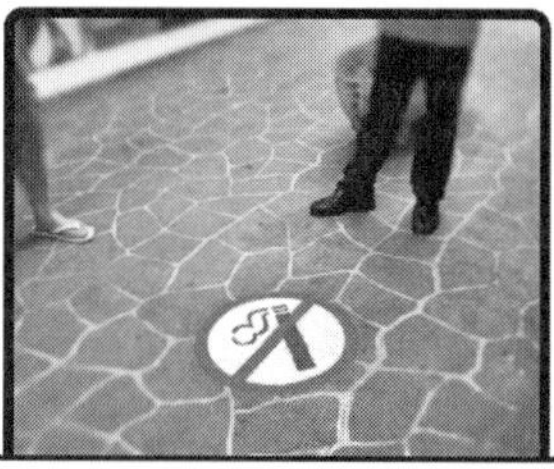

❶ 水色の通り：
たばこを吸う高校生の溜まり場だった裏路地の雰囲気を変えようと、舗装をすべて水色に塗り変えた。

❷ オブジェ：
ブタの石像、韓国舞踊のシルエットのような作品など、カラフルなオブジェがあちこちに見られる。

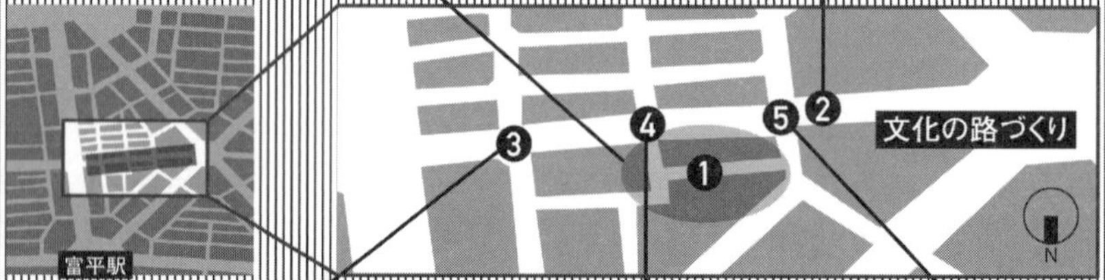

❸ 広場デザイン：
自分たちでデザインしたランドスケープの前のコーヒー店は大繁盛。

❹ シアター：
ちょうど中央辺りに屋外型のシアターがあり、いつでもイベントができるようになっている。

❺ 噴水：
住民のお金を集めてつくった噴水が壊れ、つくり直したのが現在の噴水。最初の噴水の記念碑も置かれている。

役所の看板
「文化通りは車のない通りです」

これらの通りのデザインを行う活動は数多く表彰されているが、その顕彰碑が商店街のあちこちに設置されていて、顕彰碑自体が商店街通りのデザインの一部となっている。

ギャラリー商店街

◇歩いて楽しいギャラリー商店街

「商店街が元気がない？」「歩く楽しみがない？」「商店街はなぜ滅びるか？」なんて論調も出てきているが、うろうろしたりする楽しみを与える商店街は都市には不可欠ではないだろうか。

日本では「商店街の空間づくり」というとどうしてもよそ行きで、モダンな感じの空間になることが多い。それは道の整備ありきで、商店街の改良が進められたり、役所の都市計画や補助事業と連動して行われていることがほとんどだからだろう。でも「地元の商店街」って気取った感じの空間より、もっと身近にふらっと立ち寄れる感じが大事だと思わないだろうか。プロがつくったオブジェを置かなくても、もっと工夫した空間はできるのではないだろうか。実際のところ、活気のある商店街として紹介されるところは、そういった気軽な感じをうまく演出している。

そこで、韓国での手づくりデザインがふんだんに散りばめられた商店街を紹介したい。韓国・仁川（インチョン）市にある仁川空港にほど近い富平（ブピョン）商店街というところでは、商店街の人たちがメイン通りを「文化の路」と名付けた。幅15m、全長270mの通りである。ここでは、商店街のメイン通りをギャラリーと見立てて、日々手づくりのデザインで道を彩っている。この彩り活動は、「富平文化の路商人会」という商店会のリーダーによって行われている。パワフルなこのリーダーによって、この通りでは手づくりデザインがこまめに改良されるので、ぜひ韓国に行ったら最新版をチェックすることをお勧めする。

◇手づくりギャラリーへようこそ！

そもそも、どのようなことから、この「文化の路」は手づくりデザインのギャラリーになったのだろうか？ これは、カタログ❾にもあるように、もともとは屋台が商店街の目抜き通りに違法駐車してしまうという課題から話が始まる。そこで、通りをギャラリーのように活用することでメインの通りをきれいにし、屋台と商店街を共存させようとしたのがきっかけで活動が始まった。

そこから、通りをきれいにするために自分たちでお金を集め、民間による「公共」空間の事業をたくさん行ったのである。例えば、開放的な路上シアターをみちのど真ん中につくって上映会やイベントをする。シアターの前にはちゃんと座席が並んでいて、普段は商店街に来た人が自由に座って休んでいる（図の④）。それから、舗装された道の真ん中にいきなり「坪庭」が現れたりもする（図の③）。

これらのデザインは手づくりだからとにかく商店街の人たちの愛着もすごい。あふれる空間づくりへの愛を示す一番の例が噴水（図の⑤）で、今ある噴水は実は二代目のデザインだが、一代目の噴水への愛が強すぎて、一代目噴水の記念碑を今の噴水の前に置く始末である。そして、そういった記念碑も空間デザインの一部となっているのである。

◇通りを自分色に染めたら

通りを手づくりデザインのギャラリーのようにしたことで、商店街にどのような効果をもたらしたのだろうか。商店街のリーダーに聞いたところによると、例えば汚れていた裏道の路面を全部水色に塗りつぶした（図の①）ところ、たばこをその裏道の路上で吸う人は減った。雰囲気が明るくなって悪さをする若者も減ったのである。また、手づくりのデザインを整備したらお店がより繁盛したのだ。とくに、緑の坪庭の前にあるコーヒー店は大繁盛した（図の③）。これならその後の管理にも身が入るというものである。

ところでこの「文化の路」では、役所が通りの上に「勝手にものを置くな」と指導しているにもかかわらず、役所自身の看板も路上の真ん中にどんと置かれていた。おそらく役所も杓子定規で規制を適用する気はなさそうである。　（内田）

CATALOG 4

壁にこだわる in KOREA

申し訳程度の歩道と壁に挟まれて歩行者環境は極めて悪い。壁に囲まれた街路を少しでも居心地のよい空間にしようとする考え方が壁に作用している。

壁を飾る多様なパターン。日本人にはない壁に対するこだわりが伝わる。

お気に入りの詩や言葉で、自分を表現する。

学校の壁のポップなイラスト

大邱市 in KOREA

壁崩しの後の公共空間。緑陰の下で、人々がくつろいでいる。

崩している壁から住民が詩のパネルを救出している様子。

光州広域市 in KOREA

壁にこだわる

韓国の人は不思議なほど壁にこだわる。ここで指している「壁」とは、敷地と道路の間にある「塀」である。韓国では、塀を壊す活動に対して「壁崩し」という用語を使用しているので、ここは韓国に倣《なら》って「壁」と表現する。

もともと韓国の伝統的な住宅である韓屋《ハンオク》は、中庭に向けて居室が開いており、室内と屋外がつながりを持つ開放感のある生活が、敷地の外周を高い壁で囲むことにより成立していた。この壁は人の背丈よりも高い。現在はまちなかで伝統的な韓屋を見ることはほとんどないが、敷地の周囲を壁で囲む習慣は残っている。このため、韓国の住宅地はかなり閉鎖的な雰囲気になっており、歩行者にとって心地よいものとは程遠い。したがって、壁に囲まれた街路を少しでも居心地のよい空間にしようとする考え方が壁に作用しているのである。

それでは壁へのこだわりの方法を見てみよう。

◇壁を飾る

壁に自分のお気に入りの詩を飾る。これは、詩を通じて居住者と壁の外側の通行人が交流するという発想によるものだ。飾られている詩は自作のものだけでなく、著名な詩人のもの、聖書の言葉を書き写したものなど、さまざまである。

また、壁を飾ることに重点が置かれているものとして、モザイク画やペインティング、タイルアートなどもある。集合住宅や学校の壁には大きな書き込みが可能なため、伝統的な文化や歴史について描かれたものから、ポップなイラストまで幅広いバリエーションがある。

壁はみんなのものであり、通りがかりの人へのメッセージボードなのである。

◇壁を崩す

壁を飾ることと正反対の方法が、「壁崩し」である。壁崩しは、建物の敷地の周囲に立てられた壁を崩し、これによって生み出された街路と建物の間のオープンスペースを歩行者や市民に開放するという行為である。

壁崩しの発祥の地である大邱（テグ）市の例を見てみよう。当初、「壁崩し」は、区役所や病院などの公共施設から始まった。建物自体のセキュリティがある程度確保されているため、高い壁は必要ないからだ。写真は、公共施設の壁を崩し、建物と壁の間にあった空間を市民が憩えるスペースとして整備したものである。そこでは、みながのんびりくつろいで過ごしている。韓国では、もともと大きな樹の木陰でおしゃべりをする習慣があるという。壁で敷地を囲むのも伝統であるが、その伝統を崩すことで、別の伝統が再生されたのだ。

公共施設の壁崩しを民間の住宅にも取り入れたのが市民活動家のキムさんだ。キムさんは自宅の前に家出青年のための施設を開設するが、近隣住民の反対にあってしまう。施設を地域に受け入れてもらうために、まずは近隣の住民とコミュニケーションを取りたいと考えたが、そのための空間がまったくない。そこで、自宅を取り囲む壁を崩し、庭を小公園として住民に開放したのである。

キムさんが開放した庭で人形劇や近隣の子どもたちの絵を飾るイベントを開催すると、これまで高い壁で仕切られていた住民同士が顔を合わせ、挨拶をするようになり、キムさんの活動も次第に住民に理解されるようになったという。壁を崩すことが、人と人との間にある壁を崩すことにつながったのだ。

◇壁崩しと壁飾りが出会うとき

詩が飾られている壁から住民が詩のパネルを取り外している現場に立ち会った。詩のパネルがまちにとって大切なものであり、保存すべきものであるという、詩に対する思いを見た気がする。ショベルカーで壁全体を壊すときに詩のパネルの一部が欠けてしまったが、問題はないようだ。壁へのこだわりは、カタチよりはまず気持ちなのである。（秋田）

CATALOG
5

台北市羅斯福路
in TAIWAN
一時的な都市のすき間で

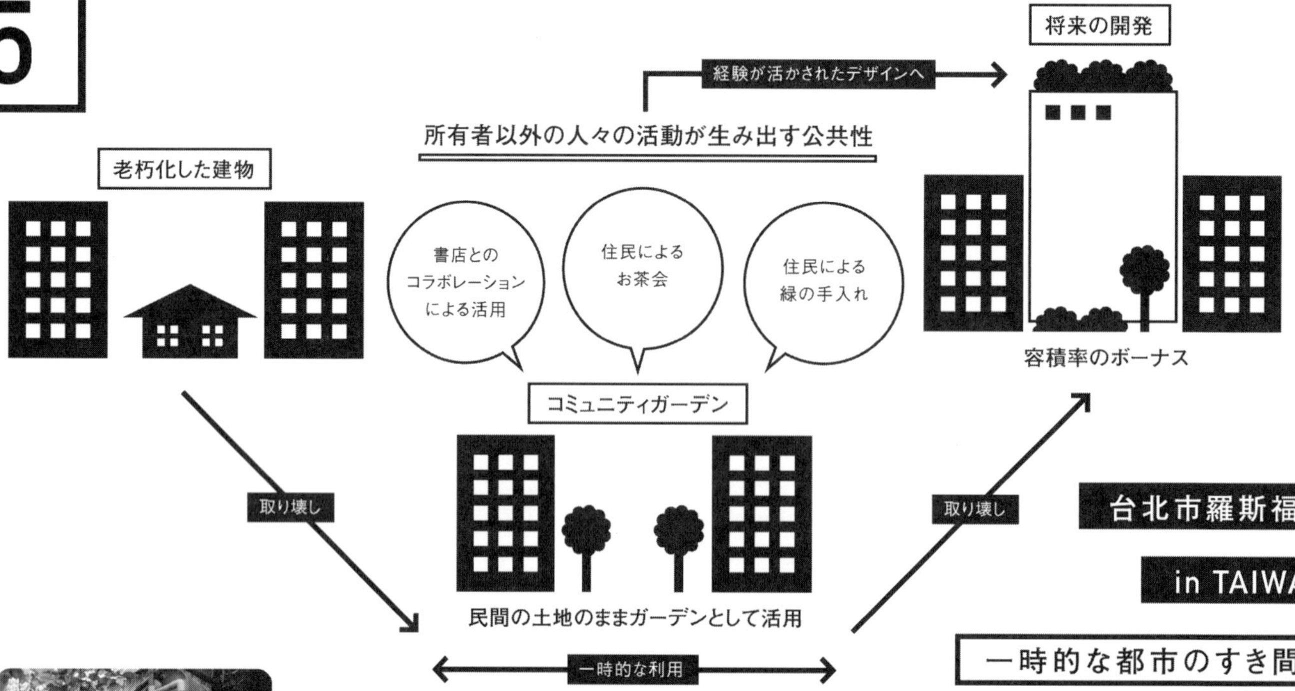

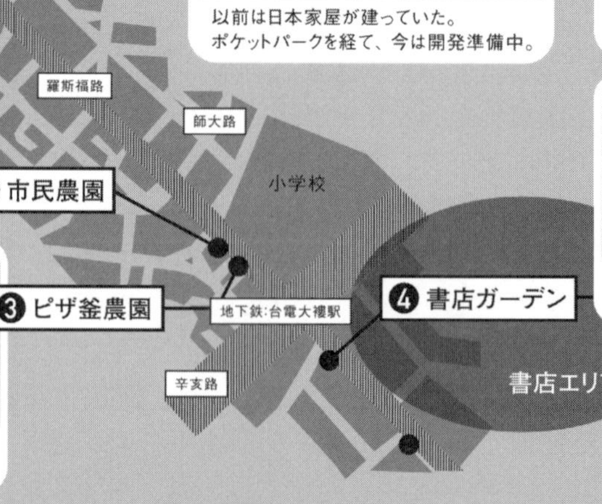

廃品を活用した雨水を集めるしかけ。

以前は日本家屋が建っていた。
ポケットパークを経て、今は開発準備中。

ベンチが置かれ、書店主催の
読書会に活用されている。

近くに住む人がお手入れ中。

以前は老朽化したビルが建っていた。

近隣の書店のプレートが
公園入り口に埋め込まれている。

空き地に手づくりしたピザ釜でパン
づくり。今はマンション展示場に。

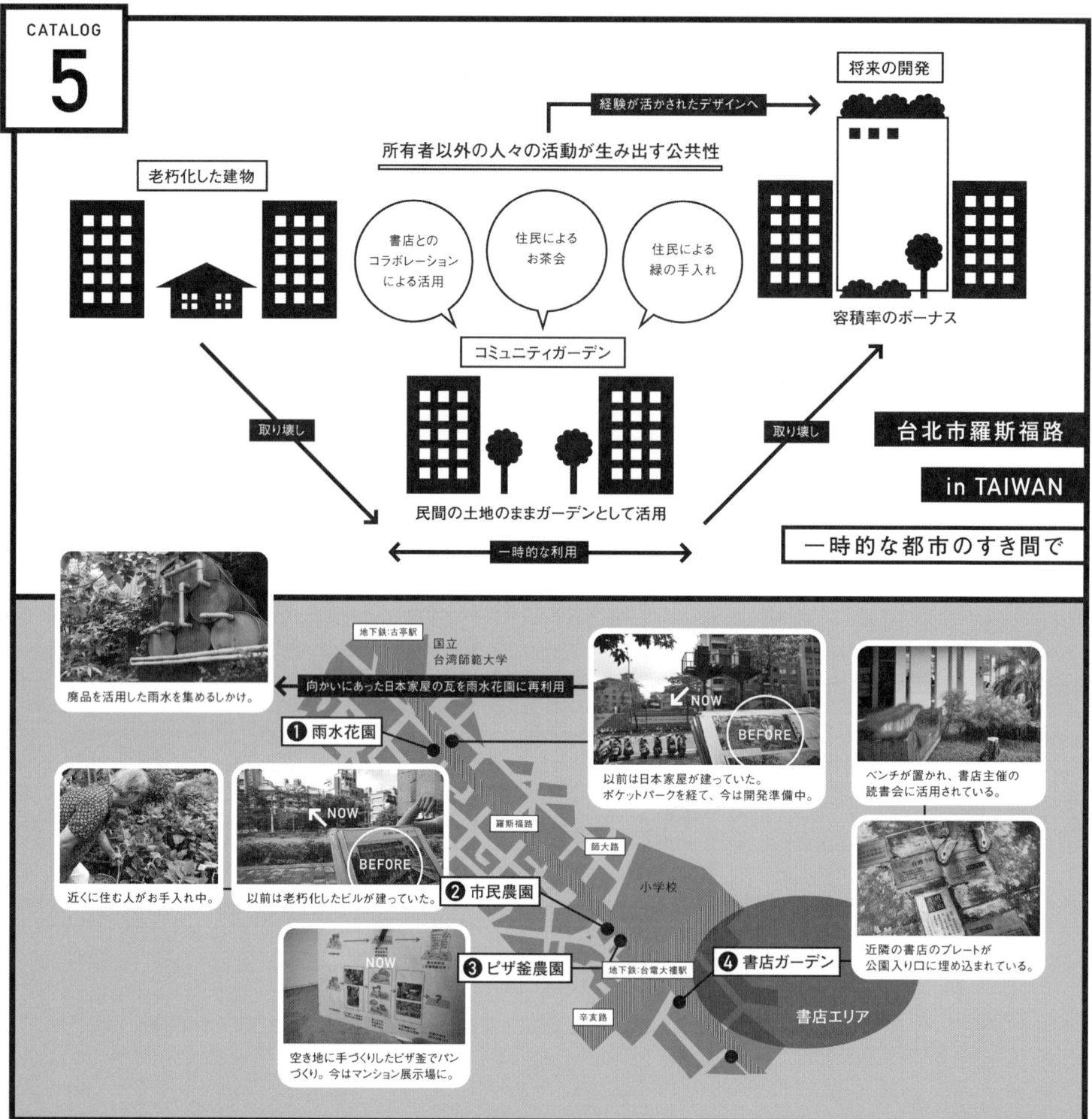

一時的な都市のすき間で

◇つくられた都市のすき間

国を超えた都市間競争が激化している中では、この本で多く取り上げているソウル、台北と東京は強力な競争相手である。例えば、ソウルはデザイン都市として自らを戦略的に位置付けし、競争力を高めようとしている。

一方、主要な幹線道路沿いにもレトロなビルや古い家屋が残る台北は、ソウルや東京の都市開発を見て、自分たちも「もっと開発された近代的な都市にしなきゃ！」と焦っているらしい（われわれから見ると台北ならではの懐かしい雰囲気が魅力的なのだが…）。そこで、2010年に国際花の博覧会が行われたことをきっかけとして、外国からやってきたお客さんが通る道をまずはきれいにしようと考えたのである。台北市は、老朽化し、再開発の可能性のありそうな場所を洗いざらい調べ、ピックアップした。そういった場所が羅斯福路（別名ルーズベルト通り）と呼ばれる、都心部から花の博覧会会場に行く際に通る道路沿いに集中している。ここでは台北市が旗振りした都市美化プログラム「Taipei Beautiful」に基づき、老朽化した建物が壊され、都市のすき間が大通り沿いの目に付く場所に意識的につくられた。

さて、こうやって都市のすき間を意識的につくったわけだが、ここからは台湾らしいやり方ですき間が埋められていくのである。ビルとビルの間に生まれたすき間にはコミュニティガーデンがつくられた。ここまではよくある話なのだが、このコミュニティガーデンが都市に緑の空間をもたらすだけでなく、コミュニティに新しいプログラムを埋め込む作用をもたらしたのである。それも、それぞれのガーデンがまったく異なるやり方で。

◇すき間の埋め方

空き地をコミュニティガーデンにする手法は、例えばアメリカでは、デトロイトという衰退が著しい都市でダウンタウンに多数残る空き家を壊し、農園へと変化させた例がある。ニューヨークではハーレムやイーストビレッジなど、治安に心配のある地域の空き地を地域住民が自主的にコミュニティガーデンとし、食物を育てたり、憩いの場として使ったりしている。

一方の日本では、ポケットパークという形で、密集市街地の整備の中で残された小さな土地を使って防災のための設備を設置したり、開発が行われない地方都市中心市街地の空き地に、コミュニティが花を植える例も報告されている。

ただ、台北でのコミュニティガーデンがこれらのほかの事例と異なるのは、ガーデンが作られたのが「空き地」ではなく、「つくられたすき間」であること。また、それゆえに、次の開発までの期間限定であることがわかっているということ（この地域は再開発の可能性がある、台北市都心部の一部である）、そして、各ガーデンはそれぞれが独自の物語を持っているということである。地図にあるように、ガーデンは地理的に近接して連続しているのだが、それぞれが異なるコミュニティの中で異なる役割を果たしているのである。

なぜこのようなすき間づくりが可能だったかというと、老朽化した建物を壊し、一定期間ガーデンとしてその土地を提供することで、その後開発するときに容積率のボーナスがもらえるという仕組みがあったからである。この仕組みがあるからこそ、土地の所有者もガーデンに土地を貸与するのだ。

なので、残念だがこの「ガーデン通り」は開発までの一時的なものである。数年後には羅斯福路沿いはまた違った風景となるであろう。

◇ガーデンの物語

ではそれぞれのガーデンが持つ物語を紹介しよう。

①雨水花園（$410m^2$）：このガーデンは、

リサイクルにこだわり、ドラム缶を活用した雨水を集める装置や、老朽化した日本家屋の取り壊しの際に保管した瓦を活用したガーデンづくりを行っている。

その日本家屋の取り壊しの際にはイベントが行われた。総勢500名の住民が参加し、日本家屋に使われていた美しい瓦をみんなで運び、ガーデンの植栽の囲いとして使用した。もっとも、「リサイクル」をテーマとしているのは、環境問題に対する思いからだけでなく、前述したとおり、このガーデンは一時的なものであるとわかっているため、整備費用を安くすませるという点も考慮したのである。こういったドラム缶の装置などは、公共公園では設置できないが、あくまで民間の土地なので自由にデザインできたということである。

②市民農園（1881m^2）：文字通りコミュニティガーデンとして住民が食料を育てている。ここを利用しているおばあさんも、ガーデンの区分を一部管理し、人に植物の育て方を教えることで、病気があっという間によくなったとのこと。

土地の所有者がショッピングセンターを経営していることから、ショッピングカートを利用して植栽がされている。多様な層が利用しているので、身体能力にかかわらず作業ができるようなデザインとなっている。

③ピザ釜農園（469m^2）：次の開発まで半年限定とわかりつつつくられたガーデンで、住民自らピザ釜を土で手づくりし、住民たちはそこでパンづくりやピザづくりをみんなで楽しんだのである。

本当に一時的な活用であったので、開発業者は住民に利用させたことが住民によるガーデンを壊すことに対する反対運動につながるのをおそれていたのだが、開発業者が住民に利用させるのを躊躇しないように、当時は草むら状態だったものをそのまま自然観察ガーデンとして利用した。現在は高級な雰囲気の、予約制のマンション展示場になっている。

④書店ガーデン（266m^2）：このガーデンがあるエリアには個性的な書店が立地していることもあって（ゲイ専門書店だったり、フェミニズムや左派のための専門書店だったり）、そういったチェーン店ではない、独立系書店とつながりを持つコミュニティガーデンとなっている。ガーデンには各書店がプレートを埋め込み、書店の特徴を示すような本からの引用文がプレートに刻まれている。このようなプレートを見て、このガーデンを訪れた人は「ああ、この書店に行こう！」と思うのだ。プレートのデザインは、バッグなどのグッズのデザインにもなっている。

このガーデンではイベントも数多く行われている。例えばベンチを用いた夜の読書会、コンサート（やはりそこは独立系書店らしいポリシーを持って、労働者のための歌を歌う歌手のコンサートである）を行ったり、壁に映像を映し出したりしている。こういったことができるのは、やはり①と同じように民間が所有する土地なので、自由があるからである。

また、このガーデンの土地所有者は薬の工場を営んでいることから、ガーデンには薬草が植えられている。

◇「一時的」な利用とその戦略

これらのガーデンは、開発が行われるまでの「一時的」な利用であるが、実際どれくらいの間住民がガーデンとして使えるのかは予測がつかない。それはあと半年かもしれないし、もしかすると30年間ガーデンとして使えるかもしれない。

これらのガーデンを案内してくれたコンサルタントの方は、これらのガーデンとしての活用は、開発が行われたあとにもよい影響を与えるだろうと考えている。例えば、ガーデンの記憶をもって、開発された建物に壁面緑化や屋上緑化など、積極的なガーデン化が行われるかもしれない。また、通常はうまく使われないビルの足下の空地も、ガーデンとして活用していた経験から、より住民に親しまれて使われるようになるかもしれない。そして何よりも、ガーデンの活用を通して、その土地に対する愛着を持つ所有者以外の人々が確実に周辺に増加する。

ガーデンは、都市のすき間の土地の歴史の一部となり、そこには所有者以外の「人」が介在することで、民間の土地に公共的な役割を与えている。この与えられた公共性が、過去の記憶と未来のまちへの希望をつなぐ役割を果たしているのである。（内田・鄭）

テーマ2

まち・社区・マウル

Community, Community, Community

まち・社区・マウルは、それぞれ日本、台湾、韓国のCommunityという言葉である。Communityは目に見えるわかりやすいものではないが、小さな工夫でそこに大きな変化を起こすこともできる。ここでは、人々がCommunityをうまくつくり、運営するために、「自分にあわせてまちを変える力」を発揮した6つのケースをまとめる。
『そのままゲーテッドコミュニティ』と『引越し好き社会のコミュニティ』では高度に都市化された社会における取り組みを紹介する。『学びからはじまる健康づくり』『屋台のおばちゃんを助ける商店街』『健康コミュニティ』では物的な環境ではなく、人々がつながる目に見えない仕組みをつくった取り組みを紹介する。『情熱のPR作戦』では、Communityの活動を外部に伝える方法を紹介する。

CATALOG

6

GATED COMMUNITY

そのままゲーテッドコミュニティ

中聖里 in TAIWAN

the big gate around the housing complex

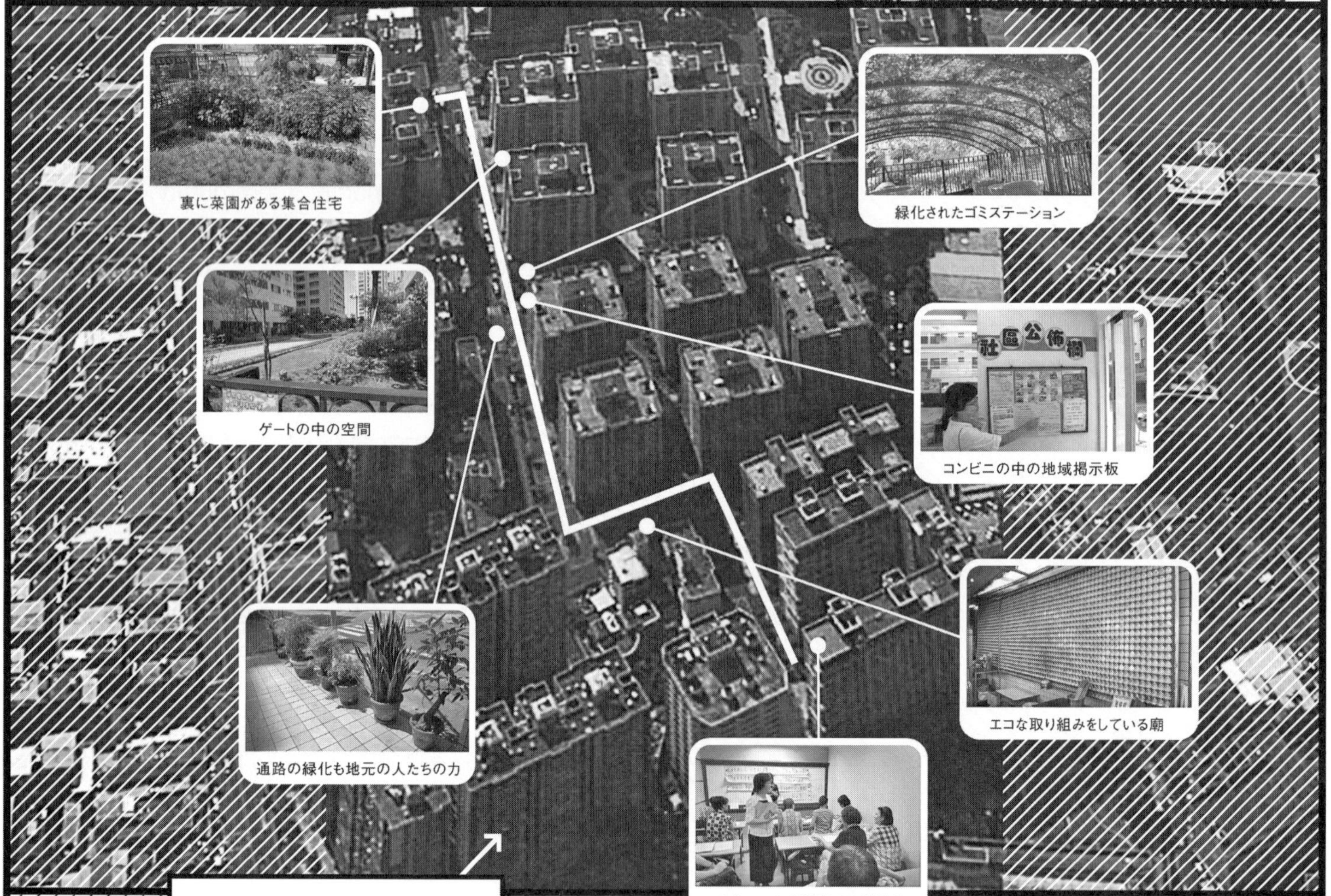

裏に菜園がある集合住宅

緑化されたゴミステーション

ゲートの中の空間

コンビニの中の地域掲示板

エコな取り組みをしている廟

通路の緑化も地元の人たちの力

マンションの会議室での勉強会

GATED COMMUNITY AREA
POPULATION: approx. 5,000
7 HOUSING COMPLEXS

高層マンションはゲートで囲まれているが、ゲートの中にコミュニティ菜園やコミュニティのための教室があり、ゲートを超えて交流している。

そのまま
ゲーテッドコミュニティ

◇ゲーテッドコミュニティとは

「ゲーテッドコミュニティ」という言葉を日本でも耳にする。セキュリティのために、門や壁に囲まれた住宅地や集合住宅を指す。普通の住宅にある門や壁ではなくゲーテッドコミュニティには住宅地全体の周囲に壁があり、門(ゲート)で出入りをコントロールする。

周辺に対して閉じてしまうために、景観やコミュニティ上の問題があると言われている。また、ゲートは高級な住宅地に設置されることが多く、貧富の差の拡大につながるのではないか、という懸念もある。しかし、住む立場になれば、子どもを安全に遊ばせたいし、泥棒にも入られたくない。ゲーテッドコミュニティは賛成か反対か、悩ましい問題なのである。

しかし、ゲーテッドコミュニティは世界中でどんどんつくられている。つくってはいけない、とはもう言えない。できあがったものをどう工夫して使っていくかが課題となってきている。

◇7つのゲート

中聖里は台湾の桃園市の中心部にある人口約5,000人からなる地域である。中心部らしく7つの大きな集合住宅で構成されている。驚くことに、7つのすべてがゲーテッドコミュニティである。中聖里が1つのゲートに囲まれているのではなく、それぞれに閉じられた7つの集合住宅が建っている。

なぜこのような地区ができてしまったのか。7つのゲートは、実は違法なものであるという。桃園県にはオープンスペースを建物の足元に設けると、建てられる床面積を増やすことができるという制度がある。そのオープンスペースは「誰にでも公開されていること」が条件なのであるが、開発業者はそこにゲートを設け、住民だけの空間にしてしまったのである。

このことを問題視した県政府は、ゲートを撤去させようと専門家を派遣した。しかし、専門家はゲートの撤去が地域のためにならないと考え、「ゲートを撤去せず、心のコミュニケーションをつくり出す」という方向に舵を切る。

◇心のコミュニケーション

ではどのように「心のコミュニケーション」をつくり出しているのだろうか。その核となっているのは、「社区大学」である。社区大学とは、台湾の生涯学習の仕組みで、地域住民自身の手により、地域ごとに企画されて開催される講座のことである。これ自体は珍しくはないが、中聖里の工夫は、社区大学の教室がそれぞれの集合住宅の集会室であり、中聖里の住民であれば、ほかの集合住宅で開催される講義を受講することができるところにある。ゲートは集合住宅ごとにあってそれぞれが囲われているため、通常は別の集合住宅の住民はゲートの中に入れない。

しかし、社区大学の学生であれば、受講カードを掲げるだけでその中に入ることができる。それぞれのゲートには守衛が常駐しているが、社区大学の生徒は守衛とも顔なじみになり、お互いの集合住宅の中で講義を受けることができる。つまり、社区大学で行われているのは単なる勉強会ではない。それを通じて、もともとは交流のなかった集合住宅の住民同士がゲートを超えて交流し、そこに「心のコミュニケーション」がつくり出されているのである。

これを通じて、集会室だけでなく、ゲートや守衛といった集合住宅の「安心」を個々につくり出す仕掛けが、7つの集合住宅の共有財産となっていく。ゲートの守衛は7つの集合住宅の住民の顔を覚えることになり、それぞれが無線で連絡を取り合い、高齢者の見守り活動も行っているという。ゲートの安全面での機能を損なうことなく、その価値がプラスに転換され、7つのゲートの相乗効果が生またのである。　（饗庭）

CATALOG

7

引越し好き社会のコミュニティ

釜山市 in KOREA

韓国の典型的住宅地。
林立するマンション。

まちづくり活動がかつて活発に行われた空間。
手入れがされておらず、なんとなく寂しい感じ。

地区のお祭りが
行われていたとき
のパンフレット

活動の拠点
だった場所

引越し好き社会のコミュニティ

◇引越し大好き韓国人

韓国人は引越しが大好きだ。10年以上同じ場所に住むことはめったにない。これは、住宅（マンション）の売却益で、より新しく、広い住宅が手に入る不動産市場があるからだ。50代や60代の人でも普通に引越しする。この状況がいつまで続くのか心配だが、今のところ引越しの習慣は続いている。

ここで取り上げる釜山市のマンションで生まれたクムセム（金の泉）マウルと呼ばれるまちづくりの活動は、こうした韓国のコミュニティを象徴するものだ。クムセムマウルはマンション内の住民だけでなく周辺地域を巻き込み、行政との協働も生み出したが、20年足らずであっけなく終わりを迎えている。

◇マンション生活を快適に

クムセムマウルの活動は、ある住民が一戸建ての住宅からマンションに転居し、マンション生活の近所づきあいのなさや、息苦しさを何とかしたいと思ったことがきっかけとなっている。彼女は、バトミントンで仲良くなった母親たちとお弁当を持ち寄って井戸端会議をする「お弁当会議」を始め、お弁当会議によって、医師や弁護士といったさまざまな専門分野の住民がマンション内にいることを知る。そこで、彼らを講師としたセミナーを開催することで、住民同士のつながりのきっかけをつくろうと考えた。

セミナーの中でとくに人気があったのが、教育に関するものであった。同じ年代の子どもを持つ母親にとって、子どもの教育に対する話題は共有しやすく、子どもの教育活動が活発に行われるようになる。なかでも親が子どもと一緒に新聞を読みながら議論する勉強会は、子どもが自分たちでニュースの記者や広告、編集の担当を決めてクムセムマウル独自の新聞を発行する活動にまで発展した。

◇詩の文化

韓国人は詩（poem）も好きだ。クムセムマウルでは住民の詩集の発行にも取り組んだ。日本人の場合、自作の詩を他人に見せることは恥ずかしいと感じる人が多いが、韓国では少し違うようだ。

クムセムマウルの活動がマンションから周辺地域に広がったきっかけも、詩であった。クムセムマウルは、プロの詩人が詩を詠んだり、自分で詩を詠んだり、好きな詩に投票する「秋文学の夜」という詩のイベントを開催した。団地周辺の住民や商店主はこのイベントに参加したり、パンフレットのスポンサーとして協力を行い、つながりが生まれた。

◇行政との協働と活動の終焉

クムセムマウルの活動が活発化するにしたがって、活動の場所が必要になってきた。そこで、住民グループは行政にボランティアセンターをマンション内に建設してもらい、その指定管理に近い業務を行うことで、事務スタッフや事務スペースを確保しようと考えた。地域誌も独自に発行するとコストがかかるため、ボランティアセンターの会報と合体させる工夫をした。

しかし、活動を持続させるための事務スタッフの雇用が、裏目に出ることになる。当初、事務スタッフはマンション住民で、クムセムマウルの活動に積極的な若い主婦であった。しかし、その後にマンション外の若い女性がスタッフとして雇用された結果、スタッフの生活とクムセムマウルの活動が切り離され、休日や夜間を中心として行われるまちづくり活動に事務スタッフは参加しなくなった。まちづくり活動のキーパーソンも次々と転居し、最後にお弁当会議を発案した住民が転居することで活動は終了する。

しかし、クムセムマウルにおける活動の経験は、それに関わった住民の中で生き続けているようだ。まるで昨日のことのように私たちにいきいきとクムセルマウルを語る住民と、荒廃した空間との対比が印象的な事例であった。　（秋田）

CATALOG

8

A 北投社区大学の構成

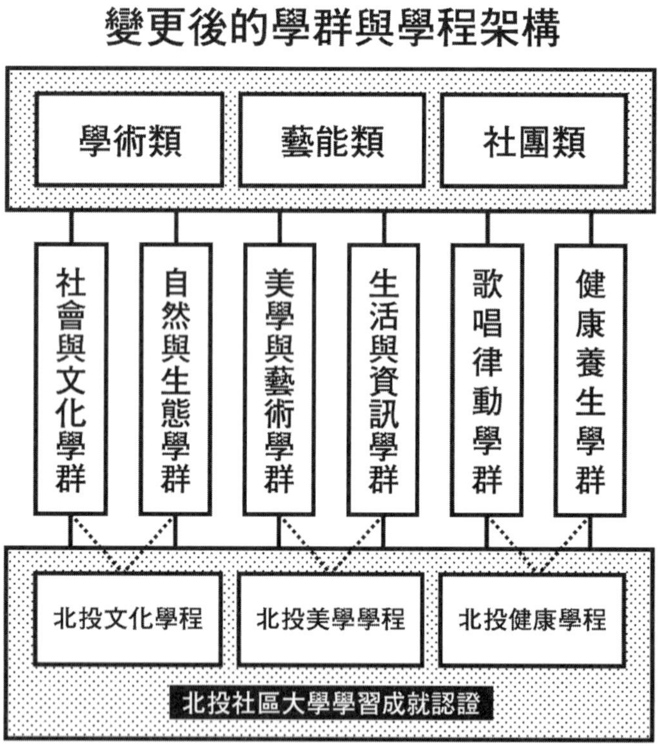

B 北投憲章 2.0

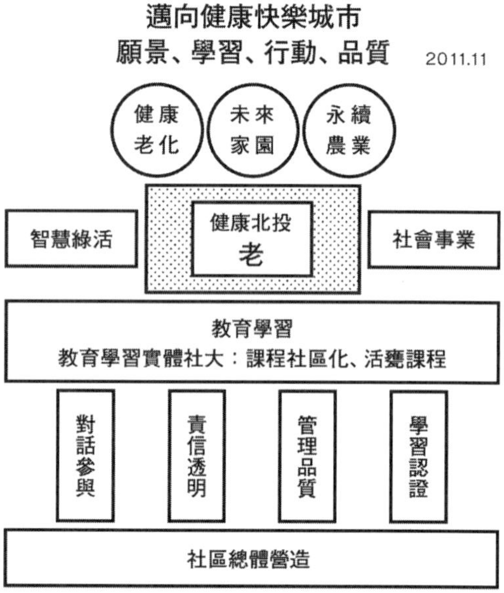

C 北投憲章（2001）

大屯山 關渡米 北投石？水味

北投的山水 我們的家園

土地情深 人文樸實

在地的精神 代代的傳承

相互扶持 共同努力

創造北投的光與熱

立足台灣 關懷世界

展現家鄉的真善美

A：社区大学の理念は「現代市民」の育成にあり、そのカリキュラムは基本的に学術課程、生活技能課程、サークル（社團）課程、の3本柱によって構成されている。北投社区大学では、これを「北投文化課程」「北投美学課程」「北投健康課程」として再構築している。

1）学術課程：人文科学・社会科学・自然科学の3つの領域を含む。批判的思考を高める。

2）サークル課程：公共的領域への参画、コミュニティのサークル活動など。公的領域への参加意欲を引き出す。

3）生活技能課程：技能を高め生活の質の向上を目的とする。

B：これまでの活動を経て、2011年に北投憲章2.0がつくられた。「健康的に老いること」が中心的な理念になっている。

C：地域団体がコミュニティのビジョンとして、日本のまちづくり憲章を参考に、2001年に北投憲章をつくった。まちづくりの精神、郷土愛をうたったものである。

学びからはじまる健康づくり

北投社区 in TAIWAN

学びからはじまる健康づくり

◇地域の学びの場

「大学」というと、一般的には専門的な高等教育の場であるが、ここで取り上げる台湾の「社区大学」はそれとは異なる。知識の開放と地域のまちづくりでさまざまに活躍できる人を育むことを大きな目的としている。入学試験などはとくになく、18歳以上の幅広い世代の一般市民に多様なカリキュラムを用意して生涯教育の機会を提供している。

社区大学は、1998年の民間の有志と大学教授らによる台北市文山社区大学の設置以降、台湾全土に広がっている。設置は行政が行うが、その運営の多くは民間団体（財団法人、社団法人、NPO法人など）が担っており、学生も運営に参加している。また独自の校舎をもつ社区大学はほとんどなく、地域の中学校や高校などの校舎の一部を利用している。そのため、主に平日の夜間と土・日曜日に授業が行われている。

ここでは、社区大学という地域の学びの場を住民の健康づくりと結びつけている台北市郊外の北投社区大学を紹介したい。

◇「健康的に老いるまち」を実現する

台北市北部にある北投地域は、台湾随一の温泉街を有する地域として知られている。台北市内のほかの地域にも社区大学はあるが、その中でもっとも自然環境豊かな地域にあるのが北投社区大学と言えるだろう。

北投社区大学は、2003年に地域の中学校を拠点に創設され、現在は地域のNPO法人によって運営されている。このNPOの会長であり、1980年代から地域で医師として活躍する洪さんは「地域の過去・現在・未来のことを学びながら、住民同士で地域の課題や将来像を議論し実現するという、地域に開かれた人づくりの場をつくりたかった」と当時を振り返る。

とくに、洪さんは医師として地域の住民に関わる中で、これから急速に進むであろう高齢化への対応を強く意識するようになった。そこで、このNPOが中心となって、日本のまちづくりをまねて、まちづくりの理念を地域で共有できるように、まちづくり憲章をつくり、この際に「健康的に老いる」ことができるまちという理念を掲げた。そして北投社区大学をこの理念をかたちにするための手段として位置付けた。

◇元気なうちから楽しく健康を学ぶ

北投社区大学では、半期で120種類、多種多様な講座を用意している。まちづくり憲章を受け、今とくに力を入れているのが、高齢者の健康づくりである。病気になってからではなく、元気なうちから健康への関心をもってもらうために、工夫を凝らしている。

単に教室で勉強するだけではなく、実践を伴うものも多い。例えば、太極拳やベリーダンスなどの運動講座、発酵食品などの食事の講座、USB万歩計やUSB体重計などの最新の測定器をつかった健康管理講座などがある。最新測定器を使った講座では、自分の行動が科学的に「見える化」され、住民の意識がより高まり、1日の運動量のアップなどの生活習慣の改善や鬱病の改善などの心の健康にも結びついているそうだ。

さらに、地域での友達づくりの場にもなっており、心身ともに高齢者の健康な暮らしに貢献している。

一見すると、この取り組みは高齢者のみを対象としているように思えるが、洪さんは「そうではない」と強く言っていた。高齢者が元気でいることは、その高齢者を抱えるまわりの家族の心身にも良い効果をもたらし、ひいては地域全体の元気を保つことにもつながるところまで見通している、とのことであった。

（後藤）

CATALOG
9

屋台のおばちゃんを助ける商店街

仁川市富平商店街 in KOREA

半固定された屋根は大量のトウガラシを干す場所にもなる。

屋台の雰囲気を活かした空間で屋台的な営みが活気にあふれて繰り広げられている。清潔な空間でおばちゃんがきびきびと働いている。

トッポギなど屋台で出されるおいしい料理の数々

もともと屋台はやや暗いイメージ。貧困、違法という雰囲気が漂う。

BEFORE

屋台のおばちゃんを助ける商店街

◇屋台と商店街が共存する

韓国や台湾の人通りの多い道には必ずといっていいほど屋台がある。しかし、公共空間である道路を占拠する屋台は本来は違法であり、水道設備も満足にない場所で提供される飲食物も、衛生状態が必ずしも良いとは言えない。土地や店舗の費用を払う必要がなく、小さな資金で営業できる屋台ではあるが、きちんと土地代やテナント代を支払っている商店にとっては「まちをタダで使っている」存在であるため、軋轢《あつれき》も少なくない。しかし、同じ商業者同士、対立しているだけではお客さんは逃げてしまうし、商業空間やまちの多様性を失ってしまうことにもつながる。ここでは屋台と商店がさまざまな工夫で共存している事例を見てみよう。

◇富平商店街の取り組み

ソウル西側の活気にあふれる富平(ブッピョン)商店街には、フランチャイズ系の店舗がほとんどなく、昔から商売を営んできた小さな商店が300軒ほど軒を連ね、そこに屋台が溶け込むように存在している。この商店街もかつては「屋台のおばちゃん」たちと対立をしており、いかにして屋台を追い出すかを検討していた。しかし、商店街組合は屋台のおばちゃんたちと対話を重ねてゆく中で、屋台を追い出すことはおばちゃんたちの生活を行き詰まらせることに気付き、商店街と屋台との共存に取り組もうと考えを変えた。

まず、商店街はおばちゃんたちのためにゴルフカートと駐車場を用意した。この２つは、営業時間外に屋台を移動させるために必要なものである。これまで開店前の屋台は、商店街の路上に違法駐車し、ブルーシートにロープがぐるぐるに巻き付けられ、景観的にも問題があるものであった。しかし、屋台はとても重く、おばちゃんが毎日移動させるのは重労働だ。おばちゃんが屋台を楽に動かせるゴルフ場で使われているカートと屋台を置く駐車場が提供されたことにより、おばちゃんたちは営業時間に合わせて楽に屋台を出し入れすることができるようになった。

その次に商店街は屋台用の水道設備を用意した。屋台にはトッポギやおでんといった韓国人がおやつに好んで食べる軽食を売っている商店が多く、水道を改善することで衛生状態がよくなるため、屋台側のメリットも大きい。屋台で出される商品の味がよくなったとの噂もある。

さらに、商店街は屋台のおばちゃんのお店のために屋根付きスペースを用意した。これで、屋台のおばちゃんは屋台を動かすという労働から完全に解放された。雨の日でもお客さんが屋根の下で安心して食事を楽しむことができるだけでなく、晴れた日には韓国料理に欠かせない唐辛子を屋根の上に干すことだってできてしまう。どこまでもおばちゃんはたくましいのだ。

◇変化を受容する商店街

このように商店街は屋台のおばちゃんとの関係を対立から共存に変化させ、今や屋台は地元住民や観光客を商店街に惹きつけ、買い物しながら胃袋を安心して満たす大事な存在となっている。

ただし、屋台は違法なので、今のおばちゃんたちが年をとって屋台をやめると消滅する。正確に言えばすでに屋台は存在しておらず、商店街が用意した屋根付きのスペースがこれに代わっている。

でも、この屋台的空間は今はすっかり商店街になじんでいて、なくなってしまうと寂しい気もする。屋台との共存に尽力してきた商店主に「韓国の伝統でもある屋台がなくなったら寂しくないですか？」と尋ねると、「そのときに、また別のまちづくり活動に取り組めばいいさ」という明るい答えが返ってきた。地域の状況に応じて柔軟に変化を受け入れられることが、魅力ある商店街の共通項なのかもしれない。　（秋田）

CATALOG

10

健康コミュニティ

吉慶里社区 in TAIWAN

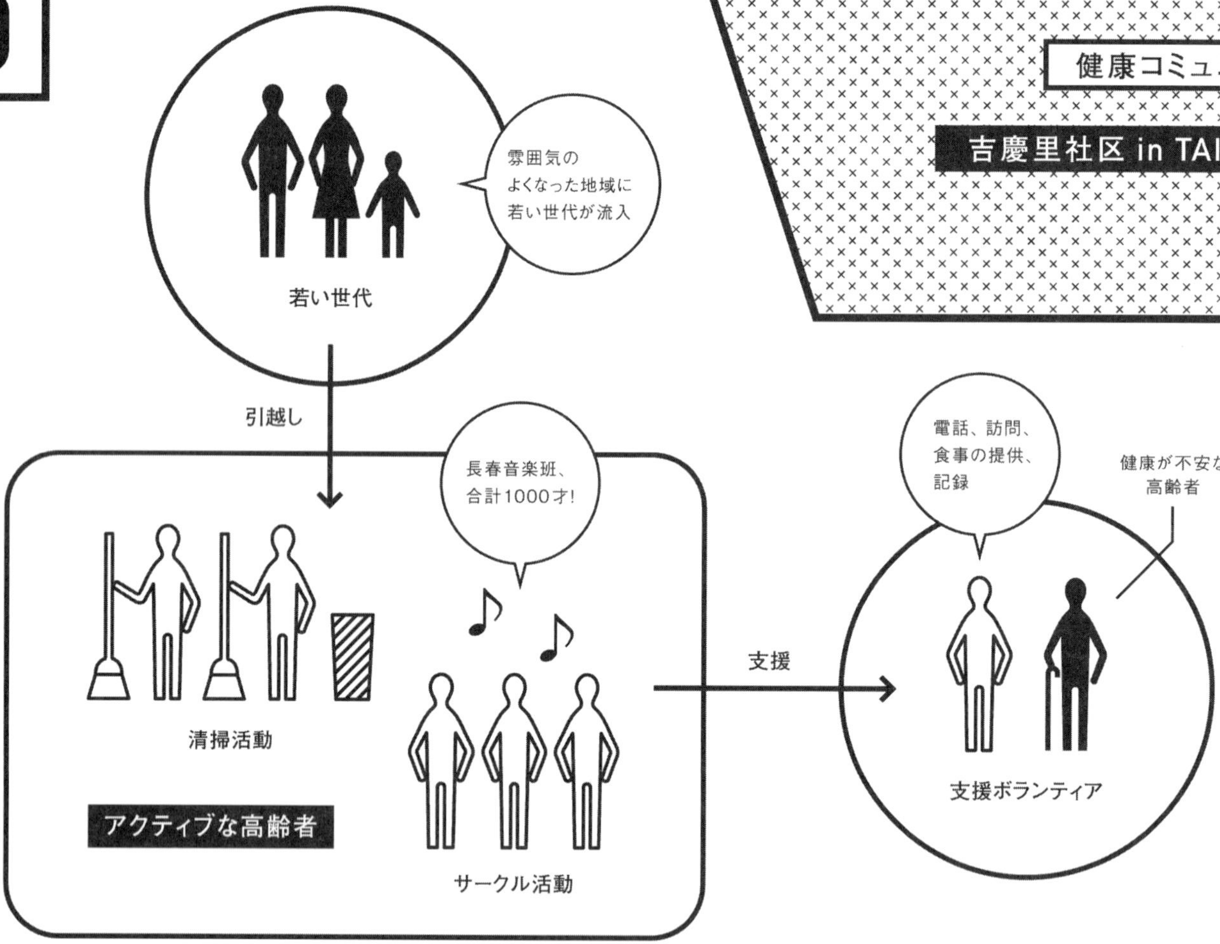

健康相談の様子。

まちづくりの拠点も
緑でいっぱいです。

◇きめ細やかに、アクティブに

高齢者のための健康コミュニティをつくるためには、高齢者にも持ち前の力を発揮してもらわなくてはならない。そのために、まずは、元気でアクティブな高齢者をより健康にするしかけをつくることが重要である。活動的な高齢者にとっては地域社会に役割をつくり、自分が実際役に立っている実感を持って活躍してもらうことが心身の健康につながる。

◇健康を守り、つくるためのコミュニティ

こういった役割をつくり、健康を守るという２つの側面を意識して、台湾での健康コミュニティは運営されている。吉慶里（ジーキンリ）社区という台北市郊外の住宅地での事例では健康コミュニティの構築が結果的に地域ブランドをつくり、若い人を呼び込むようになったのである。

高齢者のための多様なメニューを準備し、年にのべ6,000名程度にサービスを提供している。例えば、地域拠点であるスポーツセンターでは「健康相談組」が常駐して健康状態をすべてファイリングしている。これらのきめ細やかさが実現している背景として、元気でアクティブな高齢者がボランティアの担い手となり、地域での重要な役割を果たしていることがある。ボランティアの中心となっているのは21名であり、そのうち６名は65才以上だそうだ。ボランティアをした時間によって、名誉カードを与えている。

◇高齢者こそ地域資源

実際のところ、この地域では地域住民の１割が65才以上だ。台北郊外ということもあり、会社に勤めている若い世代は平日の日中不在にしていることが多い。そのため、元気な高齢者の力を活用してまちづくりを促進している。

この地域の里長（選挙で選ばれる地域のリーダー）はこう言う。「やる気があれば、すべての資源を活かすことができる。一番の資源は、ボランティアの方。お金がかからないので、お金をほかのことに使える」。

この里長はもともとは学校の先生で、退職後はこの地域の「健康コミュニティ」をリードしてきた。

健康のためのサービスは、主にボランティアによって行われているが、高齢者の場合、体力に合わせて、２人で一つの仕事をやってもらったりもする。ともかく元気な高齢者が多く参加して、道路に落ちているゴミを拾い、電柱の不法ポスターを剥がしたりしている。３か月間で4,000枚を剥がしたり、ゴミ置き場を積極的に緑化したりもした。

これらの活動にずっと参加してきた高齢の参加者にお話をうかがった。すると、「やればやるほど楽しくなり、やればやるほど若くなります」と喜びを語ってくれた。里長も「コミュニティは全体的に自分の家と思わなくてはならない」との考えでやっていると語っている。

これらの「健康コミュニティ」としてのまちづくりの結果、不動産価値が上昇するということが起きた。１坪あたり３万元上昇したとのことなので、結構なものである。地域の小中学校も大人気で、そのために引越してくる若い家族も多くなった。今ではこういった若い家族も地域の活動に参加してくれるというのだ。結果として多世代の交流する住みやすいまちになったのである。

里長がもう一つ言っていたのは、「お年寄りがどうしたら外に出てくるのか。お年寄りにもっと健康で充実した生活を送ってほしい。コミュニティのあたたかさを感じさせたい」ということであった。こういった思いが、高齢者に役割を与え、支え合う健康コミュニティの根底にある。　（内田）

健康コミュニティ

CATALOG

11

情熱のPR作戦

水原市 in KOREA

水原まちづくりセンター
アートがちりばめられたまちづくりセンター。

九如社区のまちづくり拠点
まちづくり拠点を動かす情熱的なメンバーは、壁に狭しと活動の足跡を貼り付ける。

九如社区 in TAIWAN

台北まちづくりセンター
かつて医院だった建築物をまちづくりセンターに。

台北市 in TAIWAN

富平まちづくりセンター
公衆トイレの新設と一緒につくられたまちづくりセンター。

富平市 in KOREA

in KOREA

まちづくり土産
斜面地のまちづくりをやっているところでは、断面図をマグカップに。

まちづくりDVD鑑賞
訪問するとみんなに見せてくれます。DVDもたくさんくれます。

九如社区 in TAIWAN

情熱のＰＲ作戦

まちづくりの活動には情熱の継続が必要である…。それは時には政府や大企業との闘いであるし、自然環境との闘いもあれば、自分との闘いでもあったりする。台湾や韓国のまちづくり現場の人たちは、自分たちがやっている活動をＰＲするのがとても上手だ。だからこそわれわれの調査を快く受け入れてくれたのだろうと思うが、それは、他人にアピールするというためだけでなく、自分が情熱を保ち続けるためにやっているのではないか、と感じさせられる。

ＰＲ作戦の中でも、「まちを変えてみる力」の力強さを感じるなとつくづく思うのは、次の二つのポイントである。

ポイント① 専用の拠点

われわれが調査に行くところなので、もちろんある程度の継続性があったり、有名だったりするところではあるけれども、どこのまちづくり活動においてもちゃんと拠点が準備されているのである。日本では地域センターなどを一時的に借りたりしながらまちづくりを進めているところが多い。それは、もし拠点を設けようとすると常駐する人がいないとか、その場所の責任体制をどうするとか、そういったところでハードルが高くなるのである。そのため、商店街の空き店舗を活用した拠点があったりしても、人がいなかったり、もしくはNPOの事務所がまちにあったとしても、外から入りにくい、見えにくい拠点になってしまっていたりする。

台湾・韓国で訪れた拠点は、みなオープンで、活動成果が飾り付けられており、人が頻繁に出入りしていた。活動が目に見える拠点をちゃんと設けることで、地域に存在感を示し、情報を共有できるのだ。

まちづくり拠点には二種類ある。一つは、いろいろなまちづくりをつなげるための拠点である。台湾では台北市の元医院を改造したまちづくりセンター、韓国では水原市のまちづくりセンターを紹介しよう。どちらも行政主導でなく、自主的に運営している。

台北市のまちづくりセンターはもともとの医院の建物だった。医院の部屋を活かした造りで、みんなが集えるホール、事務所、小さな展示の場がある。ここでまちづくりプランナーが集まって議論したり、セミナーが行われたりする。センターは台北市の中心近く、交通量が多い交差点に立ち、歴史的建築デザインを残した風格のあるまちづくりセンターだ。

一方、水原市のまちづくりセンターは歴史ある旧市街地の中心の広場に隣接しており、もともとは放っておかれていたビルを活用している。ビルの中の真っ白なアートギャラリーを通り抜けていくと、人々が集まれる空間と事務所がある。ビルの壁面にはみんなで作成したモザイクがあり、上階には住民が入居審査をしたアーティストが入居しているなど、いろんな人が集まって活動が成り立つことを象徴するような建物の構成である。こういったまちづくりをつなぐ拠点は、象徴的な存在ともなって人々を鼓舞している。

もう一つは、それぞれのまちづくりを行う地域別のまちづくり拠点である。自分たちの活動を壁いっぱいに飾ったまちづくりセンターが、台湾ではあちこちにある。地元の人の手づくり作品が展示されていたり、まちづくりのニュースレターが壁一面に貼り出されていたり、にぎやかな雰囲気である。こういった場所は、各地域のNGOの事務所であるが、活動のアピールの場としても用いられている。

また韓国の事例では、まずカタログ❸の富平では、２階建ての立派なまちづくり拠点を商店街の裏道につくったが、1階は商店街のお客さん用のピカピカの公衆トイレとしている。この拠点からは裏道の治安も見張れるし、人が出入りするのでトイレもきれいなまま保つよう管理することができる。
　カタログ⓭の長寿マウルでは、まちづくり拠点の下階にまち大工の工房が併設され、拠点の中にも材料となるべく木材がところ狭しと並べられており、活動の熱気が肌で感じられる。
　台湾、韓国のどちらのまちづくり拠点も、ともかく活動そのものを具体的に、視覚に訴える力が強い。雑多なものが混じり合っているように見えるが、その空間に入れば、地域の色、活動の特色が、言葉がわからない私たちでも共有できるのである。

ポイント② グッズの作成

　台湾で調査をすると、まずはこれまでのまちづくりの経緯をまとめた映像を見せてもらうことが多い。この中には、これまでに受けたＴＶ取材の内容なども入っており、アピール力十分である。環境保護を行う九如地区（カタログ㉓）では、地域に住むプロカメラマンが美しい自然をみごとな映像美で見せている。これは、環境保護を訴え、味方をつくるためには有効な手段であった（その映像はＤＶＤに収められてわれわれにプレゼントされた）。

　映像はパワーポイントのデータよりも臨場感を持つので、まちづくりをＰＲする際はこのうえない強力な作戦である。日本では映像で記録を残すことが少ないし、それを配布するということもしていない。でもそれでは、せっかくよいことをやっていたとしても、なかなかアピールできないのである。
　また、ほかに日本であまり見られないこととして、まちづくり活動そのものが観光資源になっていたり（カタログ㉕小さな緑の養子縁組）、「まちづくり土産」など地域産業化して（カタログ⓴）商品化されていたり、ということがある。例えば、前ページの図中の『まちづくり土産』のマグカップは、斜面地の密集市街地問題に取り組むまちづくり団体がつくったグッズである。このまちの断面図が描かれている。断面図は地域のダイナミックな地形を描き、課題と魅力を視覚的に訴えるものともなっている。それがマグカップとしてあなたの机の上にいつも置いてあったらどうだろうか？ つねにその地域のこと、まちづくり活動のことを思い出すに違いない。パンフレットではすぐ忘れられてしまうかもしれないが、日常的に使われるようなグッズにすることによって、人々の知覚に訴える力を増し、思い出してもらう機会を増やす効果がある。

　専用拠点もまちづくりグッズも、日本でやろうとすると賃料・人件費などのコストがかさみ、そのことでリスクが高くなるため、あまり広がらないのかもしれない。
　しかし、情熱をアピールする作戦の連続が、台湾・韓国のまちづくりを後押ししていることを考えると、われわれも「見せる」ことに対してもう少し熱心に取り組まなくてはいけないのかもしれない。なぜなら、今やまちづくりを行っていること自体が人を呼ぶブランドになり得るからである。

　日本ではまちづくりの「結果」としてその場所が魅力を持つのだが、台湾・韓国ではプロセス自体も人を呼ぶ魅力となり得る。それは、プロセスという見えにくいものも見えるようにし、ＰＲする力である。他地域と違いを見せること、短時間で情報をわかりやすく伝えることなど、ＰＲの手段はまちを変えようとする力を後押しする、力強いツールである。

（内田）

テーマ3

生活と人生のデザイン

Design of Life

Lifeという言葉は、日本語では「生活」と「人生」の二つの意味を持つ。日々よい生活を送ること、よい生活の積み上げでよい人生を送ることが、私たちの究極の目的であることは言うまでもない。ここでは人々が「自分にあわせてまちを変える力」を発揮して、生活と人生をデザインしている5つのケースをまとめる。『マダンでどこでもパーティー』『自分の手で家を直そう！』では自分たちの暮らす生活空間を豊かにする取り組みを、『地域に幹を立てる』『自分のためのお店をつくる』では地域に人々の暮らしや人生を豊かにする場所をつくる取り組みを、『若者たちのたくましい選択』では人生そのものを豊かにデザインする取り組みを紹介する。

CATALOG
12

マダンでどこでもパーティー

正陵生命平和マウル in KOREA

マダンとは

中庭や広場のような囲まれた空間や、娯楽・おしゃべり場などの場所を指す。

Jeongneung Life Peace Village
– Jeongneung 3th –

まちの入り口にある川と道が合わさる空き地の「マダン」での音楽会の様子。

路地を練り歩きながらの農楽チームの演奏の様子。

鄭さんは、ソウル市の「予備社会的企業家育成事業」の支援プログラムをもとに、クリエーターたちに安い賃料で工房を提供したり、ゲストハウスを運営する取り組みを行ってきた。

音楽会と演奏の写真撮影：チョロンイ

マダンでどこでもパーティー

◇マダンとは

「マダン」とは、建物の中庭、市場の空き地、まちの入り口の広場やそこでの娯楽・おしゃべりなどの営みを指す韓国の概念である。とくに道や木などに囲まれた空間と意図されずそこで起きる「マダン」(営み)は、娯楽・労働の場から、権力層や独裁政権などに対する民衆の抵抗の場まで、まちの「日常・非日常生活の場」として大きな役割を果たしてきた。

しかし、「マダン」は現代のマンション化、匿名社会の中でなくなってしまっている場合が多い。そこで、周辺の小さな空間を「マダン」として活かした取り組みがマウル・マンドゥルギの一環として、必ずといってもよいほど頻繁に行われるようになっている。

歴史的まち並みを活かした取り組みとして知られているソウル・北村地域でも韓国の伝統的な民家である韓屋の中庭「マダン」を活かす体験プログラムが初期の段階より行われている。中庭をはじめ、韓屋に囲まれた路地ではミニお祭りが行われている。一方、斜面地の貧困住宅地で自然発生的な路地が多く残る「ダルドンネ」、正陵生命平和マウルでも、中庭をはじめ、まちのいたるところにある空き地やまちの入り口の部分を活かした取り組みが行われている。

◇まちのマダンでパーティー

ソウルの北部に位置している正陵生命平和マウルは、ソウルに数少なく残っているダルドンネの一つであり、北漢山の登山路の比較に位置しているため、豊かな自然を持つ。

そこに都会の商業化、モノカラー化に飽きたクリエーターたちが豊かな環境に憧れ、住み込むようになった。しかし、都市ガスなど基本的な都市インフラも整備されていないまま、再開発ブームの波が来るまでまちへの愛着は薄まり、空き家だけが増えていった。そこで、独立映画監督である鄭さんたちは、ソウル市の「予備社会的企業家育成事業」の支援プログラムを基に「タイルハウス」という建物を拠点とし、クリエーターたちに安い賃料で工房としての部屋を提供したり、ゲストハウスの運営に取り組んできた。

また、地域住民との交流を図るためお祭りを行った。まちの入り口にある川と道が合わさる空き地「マダン」では、バンドの演奏や食事、住民対象カラオケ大会などを行う。そこからスタートした農楽チームは、自然発生的な曲がりくねる路地を通りながら演奏を行う。「あなたたちのおかげでわれわれのまちに元気が戻ってきているわ」。お祭りのあと、あるおばあちゃんが鄭さんの手を握りながら語った言葉を、彼はいまだに忘れられない。まだ再開発事業の認定が定まっていないことで、再開発に賛成する人たちからは活動に対する不満も大きいものの、みなが楽しめるお祭りには口を出さない。

「もともとは、まちに点在していた小さくて単発的なご近所間の交流を、少し広げようとしただけ。その中で、仕事を探していた若者たちや外部の人々とのつながりを機に、取り組みが大きくなった」と鄭さんは語る。以上のような空き地やクリエーターの作業場の「マダン」での取り組みを機に、まちを気に入ってくれたバンドマン、美術専攻の学生たち、作家などのクリエーターたちが集まってくるようになり、また取り組みの輪が広がっている。

◇マダンとマウル・マンドゥルギ

かつて庶民の日常生活の場として、そしてお祭りなどの非日常の際に不満を吐き出してきた「マダン」は、現代に入りなくなりかけている。しかし、お祭りやミニ演奏など非日常的な活動を通し、対立関係なく誰でも混じり合って自己表現ができる場として生まれ変わっている。まちの「マダン」を活かしたマウルマンドゥルギの種づくりとも言える。（鄭）

CATALOG
13

自分の手で家を直そう！

長寿マウル in KOREA

まちの風景：日当たりの悪い北側斜面地にあり、敷地が狭いため、洗濯を干す場所が限られている。長寿マウルでは、路地の手すりに洗濯物がずらりと干してある。

マウルカフェ：あたたかいユルム茶やおいしいクッキーなどを売っている。

住宅更新の仕組み 1（物件仲介）

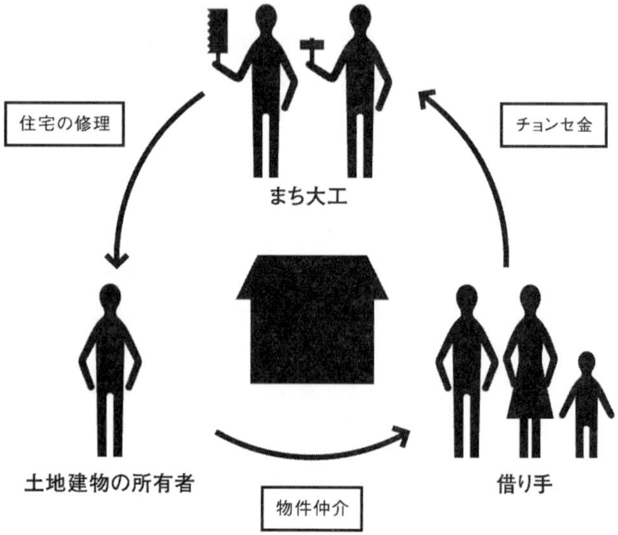

住宅更新の仕組み 2（アセットマネジメント）

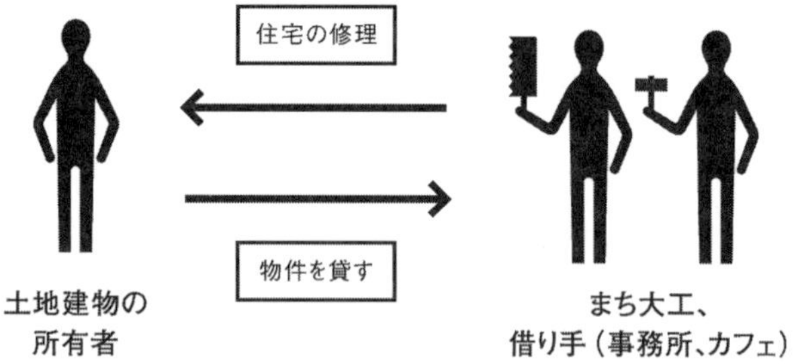

長寿マウルの風景：うしろの城壁を基準に北東側の斜面に面にしている。

（株）長寿マウル大工の拠点である「マウル工房」

◇住居権運動ネットワークの発足

「無知から始めました」。インタビューの最初に朴さんが語った言葉だ。とりあえずやってみるという、当取り組みの精神を表す言葉でもある。

2008年をピークにした再開発ブームより、ソウルをはじめ全国各地で再開発が行われ、借り手はもちろん高い工事費や管理費を払えない土地建物の所有者は次々と住んでいた住まいを失っていた。再開発が実施されなくても、借り手が所有者の契約解約の要求に対応できる「借り手の解約更新優先請求権」が賃貸借保護法に保証されていないため、多くの借り手は契約期間が更新される２年ごとに引越さないといけない。

このような住宅市場の仕組みに問題意識をもち、その解決方法の提案や実践を図ろうと多く研究や実践が「住居権運動」として行われた。その一つとして「住居権運動ネットワーク」が2008年に発足し、ソウルのある地域を対象に住居問題および地域更新に向けての取り組みを行った。町の名前を「長寿マウル」と名付け、調査研究やワークショップに基づく計画づくり、マウルマンドゥルギ塾などソフト的な活動を実施した。

「住居権運動ネットワーク」のメンバーであった朴さんは2011年に「まち大工」という社会的企業を立ち上げ、本格的に取り組む。もちろん、具体的な技術や経験はないままのスタートだった。まずは壊れた網戸の修理など簡単にできるところから仕事を始めた。まちの住民でかつて日雇い労働者の大工だった人や手先の器用なメンバーが加わった。徐々に仕事を多く任されるようなった。わからないことがあったら、自ら調べるか外部の技術者に聞くことで、技術を増やした。

◇住居更新の仕組み

「長寿マウル」に眠っているさまざまな問題を解決するため、住宅の修理だけではなく、住宅更新の仕組みを定着させることでまち再生を図っている。土地建物の所有者も借り手も家の修理費がなく、また修理されている間に借り手が住めるところもない。家賃が上がることによる対策もない。土地の７割程が国有地であるため、大金を罰金として払っている。以前の再開発ブームのときに、工事費の負担金を払い、再開発の停止によって、ローンだけ残っているケースもある。

このような複雑な状況の中で、家を直すだけでは、借り手の住まいを奪うなど、問題をさらに悪化することにしかならない。そこで、（株）まち大工では、まず直す経済能力のない土地建物の所有者のため、そこに住める借り手を探し、彼からのチョンセ金（保証金）を工事費に充てる仕組みをつくった。また、借り手が引っ越すため、チョンセ金の返金を要求する際には、新しい借り手を斡旋し、新借り手からのチョンセ金で対応する。（株）まち大工が一括し更新を管理している。一方、このような仕組みで工事をする代わりに部屋を借り、マウルカフェもオープンし運営している。会社の規模も少し大きくなり、最初３人から始まった「まち大工」は常勤者６人で年間6,000万ウォンの収入を上げている。

まちづくりの一環として、修理術や実践内容を「まち新聞」としてまとめ、全世帯に配布している。地方出身の人たちが多いことから、郷土料理の味わえるフリーマーケットも開催した。定期的に「まち会議」と、表に出たがらない人たちのための「路地会議」を運営し、それらを結び合わせる「路地通信員の会」も運営している。また、５人以上による意見が出されると、階段や塀など路地環境を改善する「５人が集まれば、路地が変わる」プロジェクトをはじめている。

「何も考えていなかった」朴さんらは、状況に応じた奇抜な取り組みをつくっていることがわかった。今後は、工事中に借り手が臨時に住める「循環賃貸住宅」や家賃に関する「マウル協定」づくりを目指し、地域住民と議論中である。（鄭）

自分の手で家を直そう！

CATALOG

14

若者たちのたくましい選択

宜蘭県金岳社区

in TAIWAN

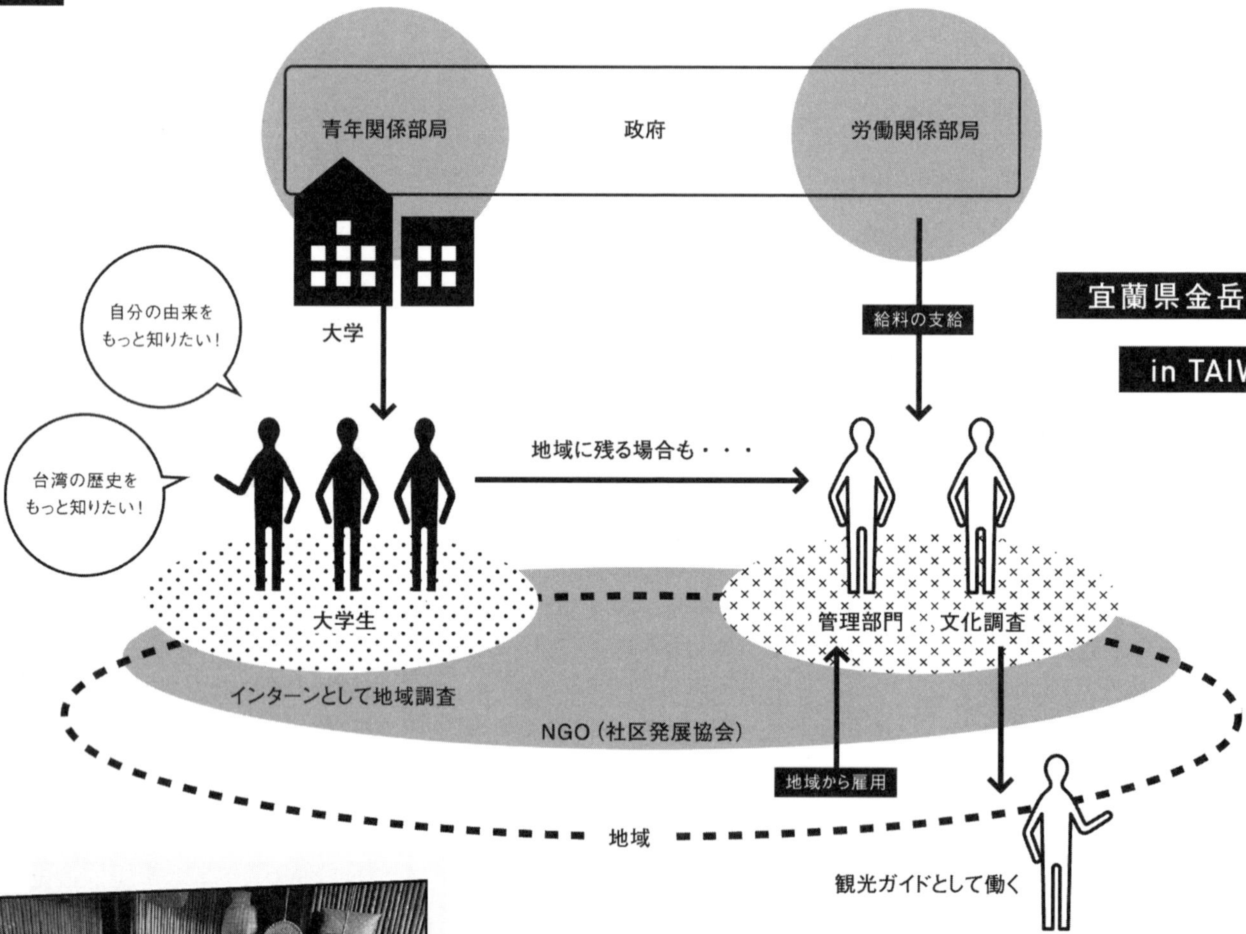

写真左が大学在学中に、実習授業として自分のルーツにあたる集落でその歴史を研究し、大学卒業後、集落に戻って職員として働いている女性。自分たちの少数民族がかつて山奥で住んでいた住宅を再現した建物を、地域の人と一緒に案内してくれている。

若者たちのたくましい選択

◇若者と仕事

台湾でも若者の就職難は大きな問題となっており、大学を出てもなかなか職に就けない学生が多い。そのような中で、これまでの働き方に対する疑問を持つ若者も増えてきている。地方都市で起業したり、農村でインターンシップを行ったりするなど、今までのように企業に就職するだけでない選択肢を若者は模索している。

こういった背景を考えながら、都市部の若者が小さな村に就職した台湾での事例を見てみよう。

◇私は集落に戻る

台北市から車で2時間半ほど、金岳（キンガク）社区という山あいの小さな村のコミュニティセンターで働いていたのは、台湾の最高学府、台湾大学の大学院を出た若い女性であった。彼女はこの地域に古くから住むタイヤル族の出身だが、幼稚園から都会に住んでいた。そのため、タイヤル族の言葉は話せない。

彼女は台湾大学の城郷科（コミュニティを学ぶ学科）で勉強していたが、実習授業として大学から7名の学生と一緒にこの地域に2006年にやってきた。

そこから、タイヤル族という自分のアイデンティティにつながる歴史についての研究を始めた。記録を残すために、地元のリーダーにお願いされ、集落の歴史についての論文を書いたのである。リーダーは彼女の能力の高さから、大学院を出たら帰ってきて働いてほしいとさらに頼んだところ、集落に戻ってきてくれたのだった。

そして、国からの雇用のための補助金による月25,000元（約65,000円）の給料で、ここで職員として働き始めてからもう2年になる。今ではさまざまな計画書などはコンピューターや文章作成に長けた彼女がすべてやってくれるそうである。彼女の両親は、卒業して大企業に勤めるのではなく、家族のルーツのある地域に戻ることを認めてくれたのだった。通常ほかの集落では25,000元を出しても高校卒業以上の人は出身地に戻って就職したりしない。もっとも、高校はこういった小さな地域にないので、高校に行く時点で外に出て行ってしまい、若者がいなくなってしまうのである。しかし、彼女はこの地域にとどまったのである。

◇ルーツに対する思いと使命感

彼女に「どうして由来のある地域に戻ってきて就職したの？」と聞くと、自らのルーツに対する思いと使命感について、このように言った。「私の祖父母が育ったところなので、来てみると特別な感情を持ちました。もっといろいろなことを聞きたかったのですが、祖父母は亡くなっていて間に合わいませんでした」。

そこで、この地域でいろんな人に話を聞き始めたのだと言う。「私のような子どもたち（ほかのところで育って、集落を知らない人）にも（歴史を）伝えたい」との思いを持って。

◇地域づくりを仕事にできるか

日本でも大学卒業後に地域づくりの道に進む人たちが現れているが、台湾では国としてこういった選択を支援するシステムが模索されている。

この紹介した台湾の集落では、政府機関からの補助金で7名の若者を3年間雇用していた。また、その間にガイドになるためなど専門知識の教育を受けている。

このような雇用保証のシステムは、若者の新しい選択の背中を押すうえで重要な役割を果たしている。ただし、行政からの補助金が終わったあとがどうなるか、それを考えなくてはならない。そんな中でも、若者は新しい価値観でたくましく自分の人生を選択しているのである。

（内田）

CATALOG

15

釜山市盤松洞地区 in KOREA

地域に幹を立てる

寄付者のリストと
子どもの
手づくりの樹

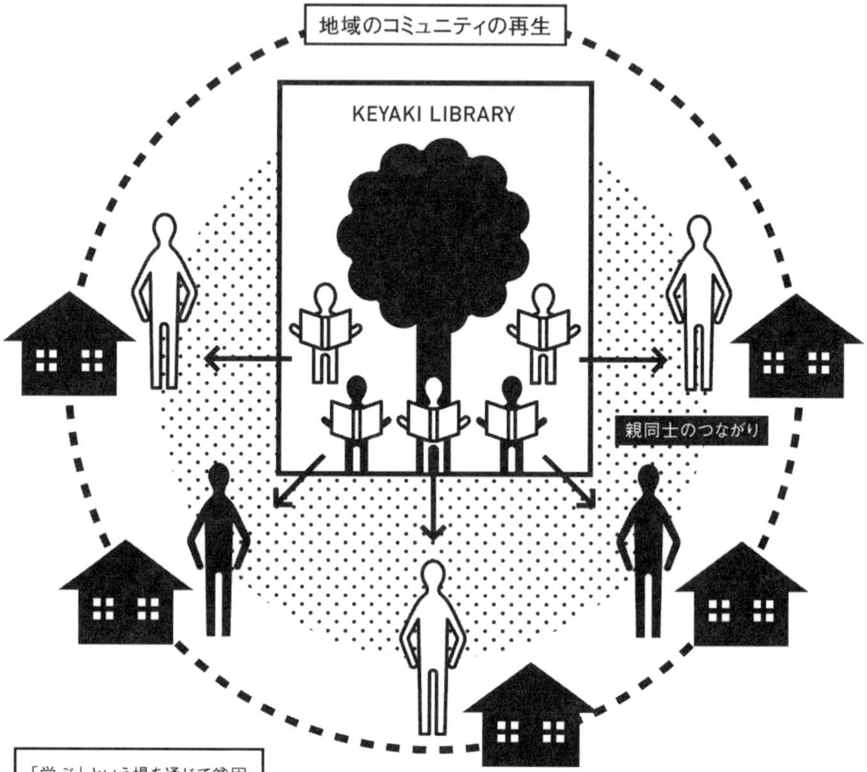

「学ぶ」という場を通じて貧困
地区の再生を目指す。

図書館の側面は
ケヤキの木の幹の
デザイン

図書館の内部空間。ヒューマンスケールで
子どもにとって居心地のよい場所に。

◇貧困地区のまちづくり

韓国南部の釜山市盤松（バンソン）洞地区は、再開発に伴い釜山の中心部を追い出された人たちが1970年代に移住した地区である。釜山の中心部からは車で30分以上離れた郊外にあり、アクセスも悪い。

韓国では1970年代から1980年代にかけて、多くの都市で再開発のために郊外へ貧困層が追い出されている。立ち退きを強いられた住民の中には、もともと違法に居住していて、安定した職業や住宅を持っていない人も多い。このため、移住後も貧困状態から抜け出せない住民が存在する。貧困層の子どもが十分な教育を受けることができないと、貧困が世代を超えて繰り返される状況に陥る。

◇地区の幹となる図書館

盤松洞地区には1980年代に火葬場が、1990年代にゴミの埋立地が計画され、これらに対する反対運動がまちづくり活動のきっかけとなっている。活動の中心となったのは1998年に「盤松地区を愛する人たち」というまちづくり団体を設立した地元の医師である。

当初、住民団体の活動は、地域誌の発行、独居老人や親のいない子どもへのおかずの配達、人形劇や読書会などの身近で小さな活動であった。しかし、活動が発展するにしたがって、小さな活動を束ねた地区の再生の幹となるプロジェクトが必要だと意識されるようになる。それが、この力強く伸びる太い幹をデザインしたケヤキ図書館の建設であった。

ケヤキ図書館は、建設時に４つの目標を定めている。１つ目は「お母さんが必要な人にはお母さんになる」、２つ目は「友達が必要な人には友達になる」、３つ目は「勉強が必要な人には勉強部屋になる」、４つ目は「地域住民にとってはコミュニティ空間になる」である。

住民団体は、図書館の建設に必要な費用をすべて自分たちで調達することを目指し、地区の住民や企業から寄付を集めるだけでなく、子どもたちも街頭に立って募金活動を行った。この募金活動は全国紙やテレビでも取り上げられて大きな話題となり、全国から図書館建設に必要な寄付が寄付が集まり、建設が実現した。地域のみんなのための空間を自分たちの力で建設したことは、住民にとっても子どもたちにとっても、大きな自信につながった。

ケヤキ図書館は、親のいない、あるいはひとり親の子どもに対して十分なケアを行うこと、共働きの親や帰宅時間が遅い親を持つ子どもの居場所をつくること、子どもを通じて保護者の啓蒙活動を行うことを目指している。ケヤキ図書館の１階と２階は子どもが楽しく本に親しみ自由に学習できる空間、３階は集会が可能な小ホールになっており、地域の住民を対象とした子育てのための母親教室や父親教室が頻繁に行われている。保護者同士のつながりをつくることは、貧困地区において脆弱になりがちな地域コミュニティの基盤形成につながるため、ケヤキ図書館では子どもを通じて家族全員を巻き込む工夫がさまざまに行われているのだ。図書館の敷地の外壁に絵を描く作業も当初は業者が行っていたが、スタッフがこの作業は住民が地域に対して愛着を持つきっかけになると気付き、子どもだけでなく大人も参加できる、壁に絵を描くイベントとして実施された。

◇チャレンジが地域を変える

貧困地区の再生の基盤は、コミュニティの再生である。ケヤキ図書館は、子どもと保護者の教育やつながりづくりを通じて、地域のコミュニティを再生する具体的な場となるものだ。

無謀にも思える貧困地区での図書館の自力建設というチャレンジ精神をもち、社会通念に過度に縛られず自分たちの柔軟な発想で行動することが、地域を変える原動力になることをケヤキ図書館は静かに語っている。　（秋田）

地域に幹を立てる

CATALOG 16

自分のためのお店をつくる

ソンミサン in KOREA

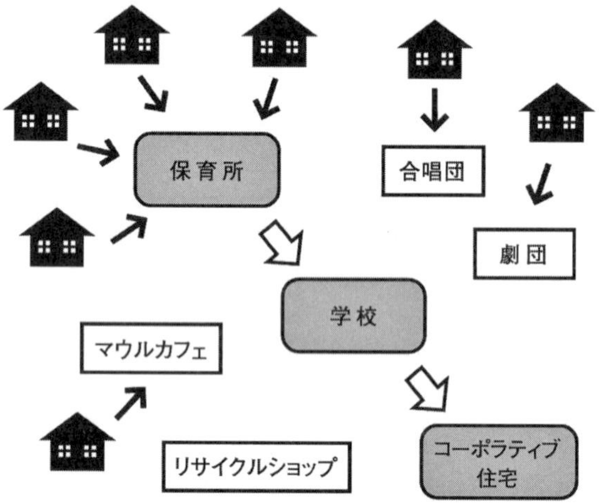

ビジネス	保育園、コミュニティスクール、コーポラティブ住宅、学童保育
コミュニティビジネス	カフェ、お惣菜屋、食堂、石鹸・キャンドルやクッキーの店、裁縫店、リサイクルショップ
文化	劇場の運営、演劇・映画・歌・踊り・伝統楽器などのサークル活動
福祉	高齢者介護

広がるお店のリストと地図。地図は真ん中がソンミサンの山。

このグループがつくったお店や集合住宅。つくりたいと思った人が、どんどんつくってしまう。

劇場

カフェ

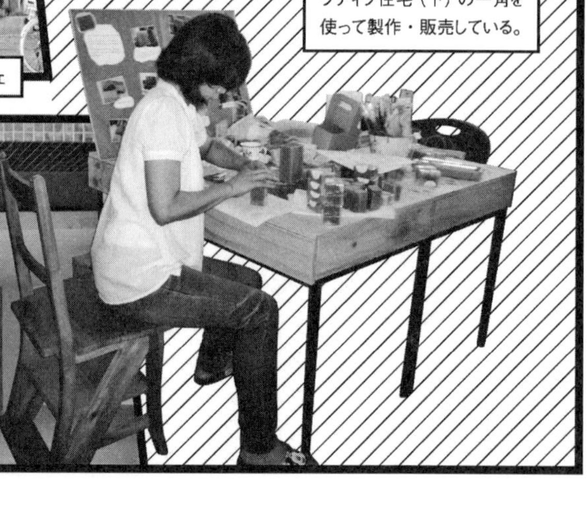

ろうそくをつくるビジネス。このグループでつくったコーポラティブ住宅（下）の一角を使って製作・販売している。

小学校の様子

◇きっかけは保育園

ソウルの都心に近い住宅地に、ソンミサンと呼ばれている地区がある。地図を見てもその名は出てこないが、里山保全によりつながるまちづくり（カタログ24）でも紹介する通り、ソンミサンと呼ばれる小高い里山の近辺一帯が、住民によってそう呼ばれているのである。

ここはたいへんよく知られたコミュニティビジネス成功地区の一つ。設立メンバーは、共働きをしながら子育てをしたいと思っていた人たちだ。日本と同様、ソウルでも子育てをしながら働き続けたいという家庭のために保育所が用意されているが、なかなか入所できなかったり、納得のいく保育をしてもらえる場所を見つけられなかったりと、大切な子どもを預ける場所を探すのは容易ではない。元気にのびのびと子どもたちを外遊びさせてくれるような、自分たちの納得のいく保育をしてくれる保育所がなかったので、25世帯の仲間が集まって保育所をつくることにした。

メンバーは、ソウル近辺で比較的家賃が安く、保育園にできるような庭付きの空き家や、自分たちが住む空き家も十分にあるこの地区に引越してきて、1994年に保育所を始めた。日本でいえば、共同保育所のような感覚であろう。人気のなかった割には、通勤に便利なこの地域に集まって住めたことが、その後のビジネスが次々に展開する可能性を生んだのかもしれない。

当初は空き家を使って始まった保育園づくりは、自分たちの納得のいくまで話し合ったり、時には手伝ったりしながら、手探りで、試行錯誤しつつ、でも理想の保育園づくりを実現していった。それは遊び方ももちろん、当時問題になってきていたアレルギーのある子どもへの食事の対応など、一つひとつ気になることを解決して保育園を改善していった。

◇必要に応じて、必要だと感じる人がつくる習慣

始められてよかったと安心したのもつかの間、子どもたちはあっという間に保育園時代を終わらせて小学校へ通うことになる。小学校に通わせても、やはり気になることは数知れず。そこで小学校もつくってしまうことにした。もちろん小学校も納得のいくまで話し合うスタイルには変わりない。その頃には評判が広がり、既存の保育園などに満足できずに納得のいく子育てをしたい人々がソンミンサンに集まり始めていたという。韓国ではフリースクールのような通常の学校とは異なる市民が創り上げるような学校を代案学校といい、このソンミサンの学校が韓国の最初の代案学校だという。ソンミサンからスタートした本格的な代案学校の動きは広がり、渋っていた韓国政府が2006年には正式に学校として認めるようになった。

入学希望者は、最初に月謝とは別に1,500万ウォン、日本円にすると150万円程を積立金として支払い、組織を支えるメンバーとなる。2001年からスタートした学校で、地域の人の集うことのできるカフェも含むすてきな建物で、のびのびと子どもたちが育っている。

子育てに関連したことだけでなく、自分の生活や子どもの生活がよくなるためのことには積極的に取り組む。じ実は、学校にあるカフェというのも、集うことを目的としてできただけではない。保育園でアレルギーの子がいたから、その子も楽しめるアイスクリームをつくりたいからと、アイスクリーム製造機を購入し、購入費用の捻出のみならず、みなで楽しんで食べようとそれを商売にしてしまった。従来の概念に捉われずに、自分の生活に必要なものを柔軟な姿勢で実現していく。それがソンミサンのコミュニティビジネス成功の秘訣だ。

◇住居もつくる！

最近の大きな成果の一つは、コーポ

自分のためのお店をつくる

ラティブハウスを建ててしまったのだ。コーポラティブハウスとは、同じような意思を持って住空間がほしいと思う人同士が「組合＝コーポラティブ」をつくり、建設場所やプランなどを相談しながら、住居を創り上げていく形式の住宅だ。こだわりの暮らしや仕事場を手に入れた居住者は満足そうであった。子育てを楽しくうまく乗り切ることを端緒に、大きな集合住宅まで建てる組織まで創り上げたのが、ソンミサンに集まった人々である。

このような成果ができるようになるまでには、ソンミサンと呼ばれている里山の緑を守る運動があったことは大きかったという。保育に関わる人とだけでなく、地域のさまざまな人々との関わり合いを持つきっかけになった。今、この地域の約５％の人が、一連の活動の何かしらに関わっているのではないかとスタッフは言う。空き家の多かった不人気住宅地であったソンミサン地域は、いつの間にか、コミュニティビジネスのまちとして、関心のある人を集める場所になったのである。

◇活動の連鎖が普通じゃない！

一つひとつの成果をとってみると、日本にもよくある活動だ。しかしソンミサンがすごいのは、これらが連鎖反応的に住民の中で持ち上がっていることだ。そして数も多い。その背景には二つの大きな理由があるのではないかと感じた。

一つ目はやる内容にこだわらないこと。ビジネスになっていないものも含めると、劇場の運営や、演劇・映画・歌・踊り・伝統楽器といった具合にさまざまなサークル的活動もある。やりたいと思ったことについては、どんどん仲間を見つけて、やる人をまわりがあたたかく見守り、必要に応じて応援している。自分たちの生活をよくするために、自分たちにできることを、自分たちにできる方法で取り組む。まちづくりの基本を徹しているのみである。

◇自己完結だけど応援はする

二つ目は、独立採算制を基本にすること。ソンミサンでは、とっても気軽に新しいビジネスを始められる。同じ希望がある人同士が、自分たちの生活がよくなる楽しくなるためのビジネスを始めてしまう。基本的には衣食住に関係のあることをやっているそうだ。

しかし、すべてのビジネスは独立採算制。だから、やりたい人が自分で資金調達をして何とか始める。もちろん、仲間を募って。周囲の人々は、あたたかくそれを見守り、積極的に使うことで貢献している。これまでにできたお店は、カフェ、お総菜屋、食堂、石鹸・キャンドル・クッキーの店、リサイクルショップなど。これからも増え続けるであろう。

このような地域での生活に密接に結び付くような商売がコミュニティビジネスと呼ばれていることはご存知であろう。自分の生活をよくしたい、自分の住む地域に不足しているが補う必要のあるものを、ボランティアの力だけで実現させるのではなく、相応の対価を支払う仕組みをつくっておくことで、成立させる方法である。

◇全体を束ねるサラムガ・マウル

応援の要にあるのが、「サラムガ・マウル」という組織。直訳すると「人と村」といった意味だ。増え続ける会社や組織を束ね、ソンミサンの一連の動きを見守る組織だ。人と人を結び付けて新しい事業を起こしたり、困っている人をサポートしたりする親分組織のようだ。約百名がこの組織のメンバーとなっているとのこと。こんな頼もしい存在があるからこそ、一般の人がカフェをやったり、惣菜屋を始めたりする可能性が広がっているのかもしれない。

これまで衣食住のことを中心にやってきたという。しかしこれからは、福祉、文化といったことが盛り上がるのではないかと、サラムガ・マウルのスタッフは語っていた。生活改善への希望は、尽きない。

（薬袋）

参考：株式会社エンパブリック、NPO法人日本希望製作所編『まちの起業がどんどん生まれるコミュニティ』日本希望製作所、2011

テーマ4

由緒と名物

Origins and Traditions

「地域らしさ」を掘り起こし、共有し、ほかの人に手渡したりすることで、私たちは身の丈を理解し、他者と無理な競争をすることなく、豊かで、唯一無二の生活と人生を手に入れることができる。掘り起こすものが「由緒」で、それをデザインしたものが「名物」である。そこに「自分にあわせてまちを変える力」が作用した5つのケースをまとめる。

『地域の由来を掘り起こす』『何でも資源に』では由緒の掘り起こしと再発見の取り組みを、『観光資源になったカエル』『まちづくり土産をつくろう』『工芸品で美意識向上』ではそれが名物としてデザインされた取り組みを紹介する。

CATALOG
17

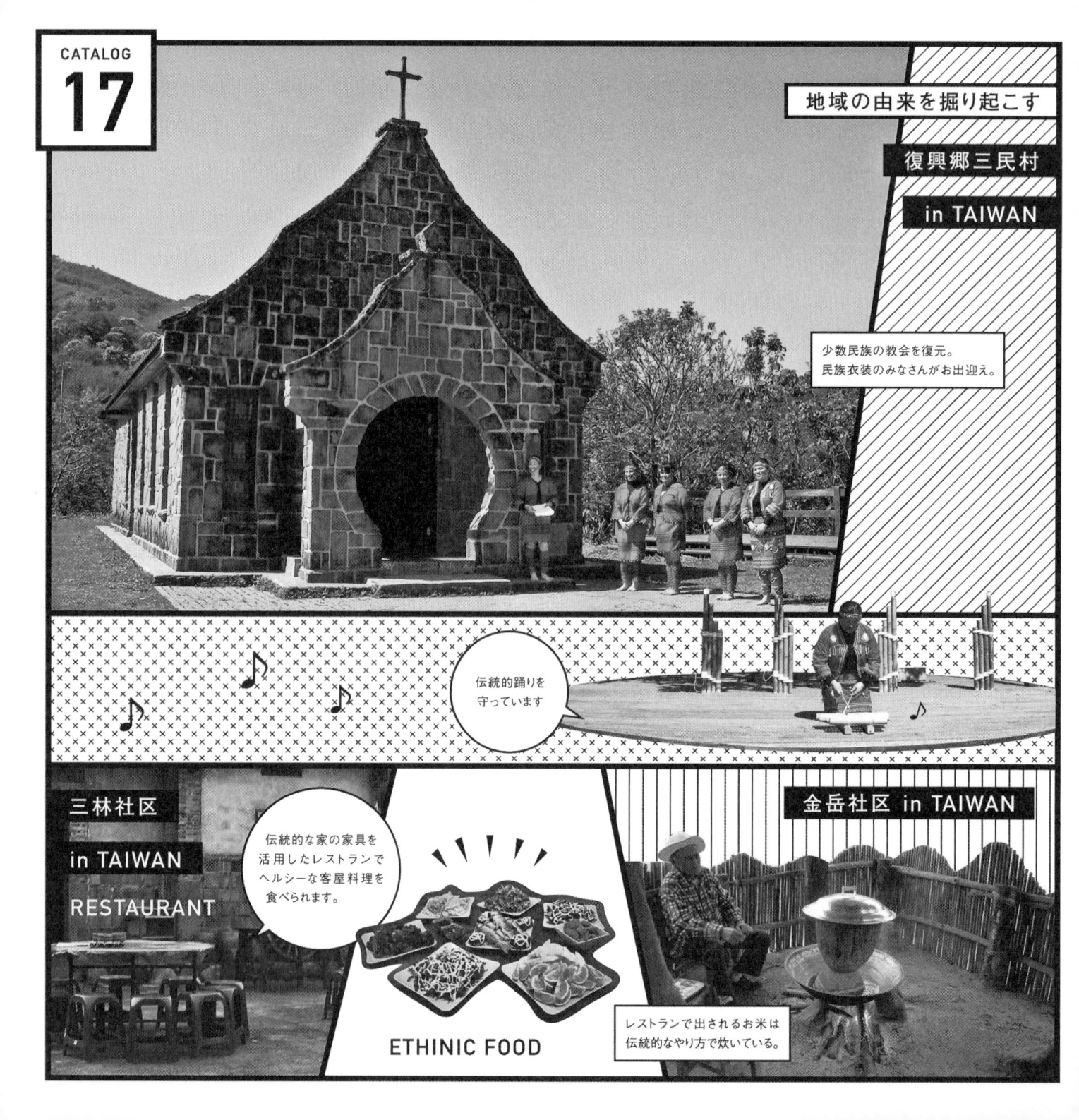

地域の由来を掘り起こす

復興郷三民村

in TAIWAN

少数民族の教会を復元。
民族衣装のみなさんがお出迎え。

伝統的踊りを
守っています

三林社区

in TAIWAN

RESTAURANT

伝統的な家の家具を
活用したレストランで
ヘルシーな客屋料理を
食べられます。

ETHINIC FOOD

金岳社区 in TAIWAN

レストランで出されるお米は
伝統的なやり方で炊いている。

◇台湾：少数民族の存在

　あまり日本では知られていないが、台湾には数多くの少数民族が存在している。政府にも少数民族のための部署があり、支援を行っている。それは、少数民族であることによって生じる不利なことに対しての支援だけでなく、少数民族の文化を守り活かすための活動を支援するためでもある。また、個人レベルでも改めて自分たちの「由来」を知るために少数民族の文化・歴史を見直そうという動きが盛んである。

　例えば山中深くにある三民（サンミン）村というところでは、かつて使われていた古い教会を修復し、「基國派教堂文物館」という名前で観光の拠点として活用している。そこでは地域の歴史を展示し、民族の踊りを披露する舞台がつくられ、人々は民族衣装を着て観光客を迎える。外部の人へアピールするだけでなく、自分たちの民族の存在意識を再確認しているとも言える。

　また、三林（サンリン）社区というところでは、台湾の大多数を占める漢民族の中でも独自の言葉と文化を持つ「客家（ハッカ）」という民族の伝統を活用したまちづくりが行われていた。地域のコミュニティセンターが中心となって、代々「客家」民族に伝わる華やかな花柄の布を用いた帽子などの製品を手づくりして販売したり、客家の伝統的な家屋を活用したレストランで伝統料理を出すなどしている。これらは民族の文化を掘り起こしつつ、それによって地域の雇用を生み出しているのだ。

◇由来を掘り起こす

「私はどこから来たの？」

　ここでは詳しく金岳（キンガク）社区に住むタイヤル族という少数民族の事例を取り上げよう。先祖がタイヤル族である台湾大学の学生の調査によると（カタログ⓮）、かつてはこの民族は山奥に階段状の集落をつくり、みんなでそこに一緒に住んでいた。日本占領時代には日本人もそこに一緒に住んでおり、日本人によってつくられた警察や相撲の練習場もあった。その後、日本人が去り、政府の命令によってタイヤル族の住民たちが1958年に山を降りて現在の場所に移り住んで以来、山奥の集落は放置されてしまった。それから時間が経ち、改めて少数民族としての自分たちの由来を掘り起こしたいと考え始めたのだ。

　地域の由来を発掘するために台湾大学の学生の力を借りて地道な作業が行われた。まず住民への聞き取り調査によってかつての階段状の集落を絵で再現し、みんなが自分たちの「由来の場所」を再認識できるようにした。それを足がかりとして、活動が展開していった。例えば、みんなで遠足と称してかつての集落を訪ねた。また、かつてその集落に建てられていた半地下の穴を掘ってつくる伝統的な家を金岳社区の中心に再建した。今ではその再建された建物のまわりは、イノシシをさばくなどの伝統的なイベントが行われている。これらの活動によって、山奥の集落というかつての生活の由来を掘り起こしていった。

　また、地域の活動の中心としてコミュニティセンターがある。ここにはみんなが使える台所があり、イノシシ肉を調理したり、モチ米を薪で炊くなどした伝統的な料理が提供されている。そのほかにも、代々伝わる機織り機が並んでいたりするなど、由来を掘り起こすための活動を支えており、地元の人がふらっとやってくる場となっている。

　これらの活動を支えるコミュニティセンターの総監事を務める宋さんは、以前は小学校でタイヤル族の言葉を教える先生だった。子どもたちもこの地域で育てばタイヤル族の言葉を話せるようになり、「言葉」を通して民族にとって重要な文化や歴史を受け継ぐことができている。

（内田）

地域の由来を掘り起こす

CATALOG
18

何でも資源に

台湾の公園に展示してある古くなった木製の電柱である。表面にコールタールが塗ってあるので、中から腐食したことがわかるように展示してある。普通だと捨てられてしまうようなモノが資源として再生された。

カタログ19でも取り上げた桃米村は「カエル」を資源にした徹底的な社区営造を展開している。外部の専門家が「この村には多くの種類のカエルがいる」ということを発見したことがきっかけとなった。

活盆地は、長靴を履いてただジャンプするだけの場所だが、それがとても楽しかったことは言うまでもない。

磁場屋は、この写真の通り傾いたこのままで保存されていて、中に入ることができる。実際の傾斜は写真で見るよりもきつく、中に入ると頭がクラクラする。

まち並みこそ、そのまちの独自の暮らしと歴史がよく表われる、最大の資源である。建物は、人々が長い時間をかけて手間とお金を費やしてつくり込むものであり、それを少し磨くだけですばらしい資源になる。

あるまちで、「たくわん」の干し場に案内された。まだ資源として扱いあぐねているようだったが、これはどうやったら資源になるだろうか?

何でも資源に

◇資源から資産へ

「資源」という言葉がある。資源のおもしろいところは、それが視点や価値観を伴うところにある。石油も、レアメタルも、ラジウムも、誰かがそれに価値を与えるまでは、どろどろしたアブラだったり、変な岩だったりするだけだ。

裏を返せば、最低3人くらいであるモノの価値観を共有することができれば、それは地域の「資源」となる。

地域の資源は石油やラジウムのようなヘヴィな資源である必要はない。いろいろな価値観で資源を掘り起こしていきたいものだ。どこかで見たような資源ではなく、徹底的にその地域のオリジナルな資源であると、それは強みを持つ。そして、大事なことは資源を活用できる「資産」にしなくてはならないということ。他人に羨ましがられ、他人が見たり、触ったり、利用したいものになれば、資源は資産になっていく。

◇壊された建物も資源

台湾の九份二山の人々が1999年の大地震のあとに発見した資源は、地盤の隆起により傾いてしまった建物そのものである。彼らはその建物を取り壊したり、元通りにすることを行わず、最低限の整備を行って「磁場屋」という空間として公開し、地震のことを学びにくる人を受け入れている。日本では荒川修作というアーティストがつくった、すべて斜面で構成された空間で体の感覚を狂わせる不思議な体験をさせる「養老天命反転地」があるが、この「磁場屋」に入ると、同じように感覚が狂わされたような、天地が引っくり返ったようなおもしろい体験ができる。

地震が悲惨な経験であることは間違いないが、ここに入ってみると悲惨な感じはあまりせず、そこにはからりとした明るさがある。天災を受け入れること、明るくそれを笑い飛ばすこと、そしてその恐ろしさとリスクを後世に伝えること、といった相矛盾することが一つの空間に込められているということだ。その場所で生まれた、そこにしかない資源の強みを活かし、そのまますべてを語らせてしまっているという実例である。

◇ふわふわした土地も資源

台湾の頭社社区の人々が発見した資源は、「ふわふわした土地」である。あるときに自分たちの地域の魅力をあげようと考えた人たちは、資源を探そうと調査を行った。自分たちのまちにしかない独自の資源は何か、そこにどういった価値を見い出すことができるのか。

そして彼らは、水分を多く含んだ泥炭が堆積した沼地を再発見し、それを「活盆地」と名付けるのである。「活盆地」の存在を誰も知らなかったわけではなく、むしろ誰もが当たり前のように知っているものだった。彼らはその価値を再発見し、それを資源に変えたのである。

この活盆地、実際には「地面がふわふわしている」以上でも以下でもなく、上に乗って飛び跳ねる以外に楽しみようがない非常に地味な資源である。しかし、この資源のすごいところは、活盆地を中心にして、周辺の小さな資源がつなぎ合わされたことにある。

私たちがこのまちを訪れたときに、まずは小さなコミュニティカフェに案内された。次は牛が描かれたペンキの壁画、そして農家に干してあるたくわんをいただきながら、寺社を巡る。これらは、一つひとつはそれほど特徴のない、台湾の小さなまちには必ずあるようなありきたりの風物である。そしてその次に案内された湿地帯ですばらしい景色を眺め、いよいよ最後に長靴に履き替えて、活盆地を訪れる。まちをぐるりとひと回りしたあとに、最後に活盆地でジャンプしたときの楽しさったらほかにない。地域に存在するさまざまな小さな資源の網の目の中に活盆地を置くことで、まちは魅力的なものに変化し、訪れた私たちを「羨ましがらせる」ことに成功したのである。(饗庭)

CATALOG

19

観光資源になったカエル

桃米村 in TAIWAN

巨大なカエルが貴方を歓迎。
村中のいたるところにカエルをモチーフにしたものが置かれている。

お土産も多種多様。この製作・販売も貴重な収入源になります。

震災を忘れないために、被災した建物がそのまま残されている。住民の心に刻まれた震災の記憶を薄れさせないためにも大切な場所。

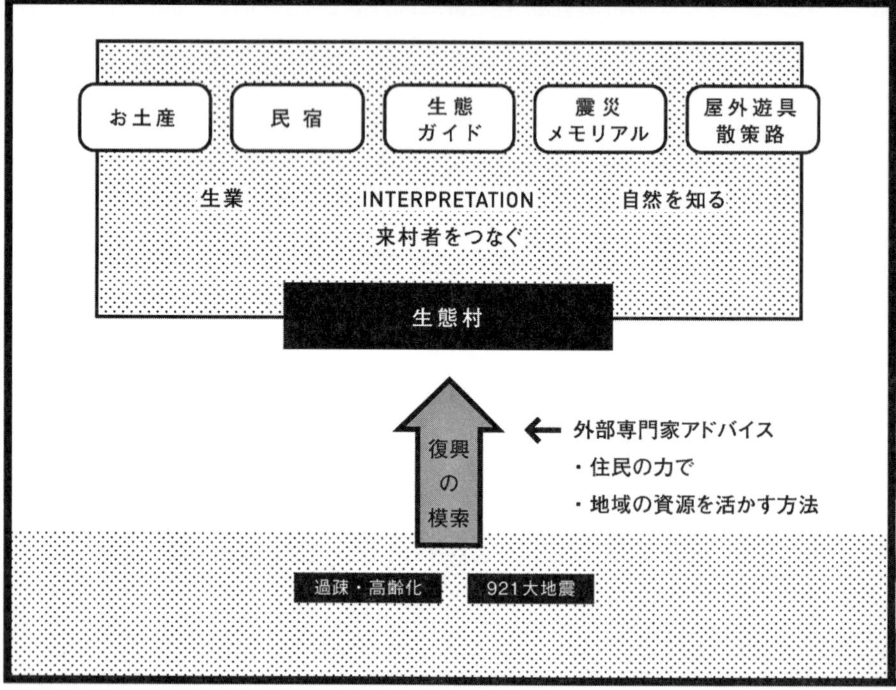

観光資源になったカエル

◇身近なものを売り出す

まちづくりの第一歩として、「地域の宝」を探すことは多い。当たり前と思っている地域のものを改めて見直したりして、外に向けて発信をして観光に来てもらったり、大したものではないと思っていたものの販売方法をちょっと工夫したら、とてもよく売れたりといった経験をした地域は多い。「カエル」に絞って大胆な演出を行った地域を紹介する。

カエルは、生態系の豊かさを示す一つの指標である。豊かな水辺環境があり、エサとなる昆虫などの小さな生き物が豊かに採取できる環境が必要だ。そういった環境を住民が認識し、自分たちの地域のアイデンティティを示すものとして、カエルが一役をかった村がある。

◇過疎の村を襲った震災

桃米（タオミー）村は、台湾中部の過疎に悩む中山間地域の一つである。そして日本と同様に農村地域の過疎化の問題は深刻だ。大型機械を使った効率的な農業経営がしにくく、現金収入が得にくいために多くの若者が都会へ流出していく。かつては子どもたちの声がにぎやかにこだましていた村々で、今は高齢者が細々と農作業を行う姿は、日本の農村の風景に重なる。

1999年9月21日の大震災は、日本でいえば中山間地域の限界集落に近いような状態の村のある地域を襲い、大きな打撃を与えた。桃米村も過疎に悩む村であった。まとまった現金収入を得られる生活をしていない被災者にとって、災害は本当につらい。農村社会では、都市部での生活に比べてまとまった現金が必要となることは少ない。車や教育といったものへの費用は必要となるが、日常的な食糧は自分の家のまわりで多くを確保できるなど、比較的現金収入が少なくても、家さえ確保されていれば暮らすことが可能だ。しかし、災害が起きることによって、家が壊れたり田畑が崩れたりすることで、経済的に厳しい状況に陥ることが多い。現金収入が少なければ融資を組むことは難しいし、高齢であればなおそのハードルは高くなる。もちろん、義捐金などだけでは元通りの生活に戻ることは難しい。桃米村の住民も、震災直後、とても悲観的な気持ちでいた。

◇カエルを見直し、地域を見直す

しかし桃米村は、復興支援に入った地域に根付いた文化を見直すNPOのアドバイスで、地元の人にとっては珍しくもない「カエル」を売り物に、観光地化に成功した。住民には当たり前に見える山合いの村の景色と豊かな自然。これを都会の人に見せることで、観光地化することに取り組み始めたのである。

カエルのモニュメントにカエル遊具、カエルグッズの土産物など、カエルを徹底的に売り込んだ、テーマパークのような場所ができあがっている。もちろん、ここには宿泊可能。カエルグッズに囲まれた民宿に泊って、夜に活発に行動するカエルを眺める散策も存分に楽しめる。

◇観光地として利益を得る

ここでは村人が観光の要である。外からの観光業者を誘致したのではない点に注目したい。素人の農民が、専門家の指導を受け、カエルのガイドになっている人もいれば、売店でカエルグッズを販売する人もいる。さらには、自宅を民宿に改修して経営している人もいる。村人がこぞってカエル観光に協力をすることで、村のテーマパーク化に貢献した。過疎の村に都市部の若者が遊びに来たり、思わぬ現金収入を得て喜んでいる農民がいたりと、活気が戻ってきた。

「生態村」として観光地化などを中心に地域の自然を見直す動きは、台湾全土に広がっている。村人自身が楽しみながら、観光地として多くの人にゆっくり滞在してもらい、自然を満喫しつつ、自慢の料理や宿に滞在して経済を潤してほしいと願う地区のモデルになっている。（薬袋）

CATALOG

20

まちづくり土産をつくろう

台湾の社区営造の現場で入手した竹のコップである。竹を切り、そこにサインをかき込んだだけの簡素なものである。現場の人たちとこれで乾杯し、そのまま「お持ち帰りください」となったもの。

台湾の山の中の社区営造の現場で手に入れた、巨大なアリの置物である。木の実と枝を組み合わせ塗装したもので、全長が15cmくらいでなかなか迫力がある。売っている様子ではなかったが、社区センターの一室にこれらがずらりと並び、訪れた人にお土産として手渡されていた。

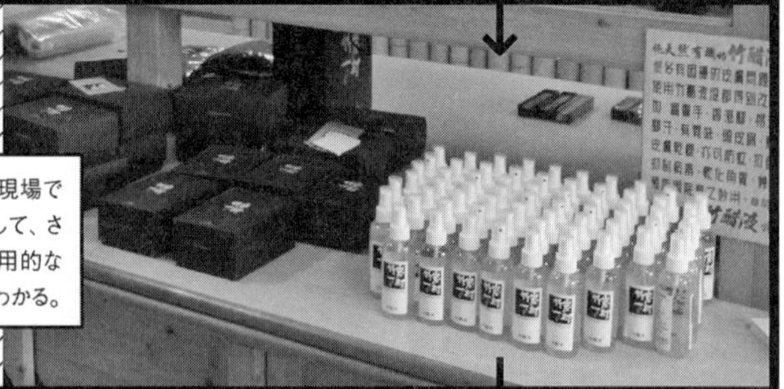

台湾の南投県の、ある社区営造の現場では、古くからの炭焼きの技術を活かして、さまざまな炭製品を販売していた。実用的な製品化が積み重ねられていることがわかる。

カタログ21でも取り上げる台湾の白米のサンダル工芸館でもらった小さなキーホルダーである。そこではもちろんサンダルも販売しているのだが、実物と同じ材料、同じ技術を使って、その場でこの小さなキーホルダーをつくってくれる。白米地区の社区営造の中で復活した技術がこの小さなキーホルダーに詰まっているのである。

カタログ19でも取り上げる台湾の桃米村で手に入れたボウルである。ここは集集大地震の被災をきっかけにして社区営造が取り組まれたところであるが、ボウルの内側には、震央を中心とした台湾〜アジア〜世界の地図が描き込まれている。災害時には台湾中、アジア中、世界中から支援が集まり、そこから村は外の世界とのつながりを取り戻し、村を出た若者が戻ってくることにもつながった。このお土産には、そうしたさまざまな思いが込められているように思う。

まちづくり土産をつくろう

旅のしめくくりと言えば「お土産」である。この本で紹介したたくさんの現場でもそれぞれのお土産に出会ったが、もちろんただのお土産ではない。自分にあわせてまちを変えてみる力、つまり人々が空間や仕組みをつくる力と同じ力でつくり出された「まちづくり土産」である。まちづくり土産には二つの面がある。

◇コミュニケーションの手段としてのまちづくり土産

まちづくり土産は地域と切り離されて存在するわけではない。その地域を訪れた人は、そこでしかできない体験や、そこでしか見ることができない風景を経験する。その締めくくりがお土産であり、動かせない風景の代わりとして持ち帰られるモノがお土産である。

優れた「まちづくり土産」には、その材料、材料の組み立て、細かなデザインに地域の体験や風景、そして地域の誇りが織り込まれている。それは手渡された相手の「またこの地域を訪れてみたい」という気持ちの種となるし、相手が周囲の人に「この地域はよかったよ」と話すことの種ともなる。まちづくり土産は外からやってくる人と地域の間に交わされるコミュニケーションの一つの確実な出発点になるのである。

◇経済的な自立の手段としての側面

一方で、地域の人たちが、自分たちの地域の資源をうまく使いながら、経済的に自立していくことも「まちづくり土産」をつくることの意義である。そのためには、自分たちの地域でしかつくれない「何か」をつくり、それを売ることから始めることになる。小さな地域の資源は限られている。自分たちの強みと弱みを認識し、地域に埋もれている資源を探し出し、バラバラだったそれらと自分たちの力を一つのことに集中させ、「売れる何か」をつくり出すということである。

「売れる何か」とは、料理であったり、工芸品であったり、宿泊のサービスであったり、地域の中の小さなツアーなどである。こういった「売れる何か」の中でも、まちづくり土産は小さなものであるがために、自分たちの力を集中させやすいし、モノとしての価格をつけやすい。つまり、「売れる何か」をつくることの中心の一つにあるのがまちづくり土産であり、経済の仕組みの中で交換されるお土産をつくることを通じてまちづくりも成長するのである。

◇コミュニケーションから育てていく

「コミュニケーションの手段」と「経済的な自立の手段」を両立させることは時に悩ましい。コミュニケーション面を重視した地域の人たちの手づくりの素朴なお土産は、経済の仕組みの中で交換される商品にならないことがある。その一方で売れることを重視して、例えば、外部のデザイナーに頼んで、洗練されたデザインを施せば、それはそこに織り込まれるべき地域の体験や風景を薄めることにつながってしまう。コミュニケーションの手段としてのまちづくり土産を組み立てつつ、徐々に「経済的な自立の手段」にしていくということなのだろう。

左のページに、台湾を巡る中で見つけたいくつかのお土産を紹介しておこう。趣味の延長でつくられたような手づくりのものから洗練されたものまでさまざまである。これらのうちいくつかには値段がついておらず、「コミュニケーションの手段」としての一面が強く出たものである。肩の力を抜いてつくられたコミュニケーションの手段としてのまちづくり土産が、だんだんと経済的な自立の手段の性質を帯びていくことがわかるだろうか。（饗庭）

CATALOG
21

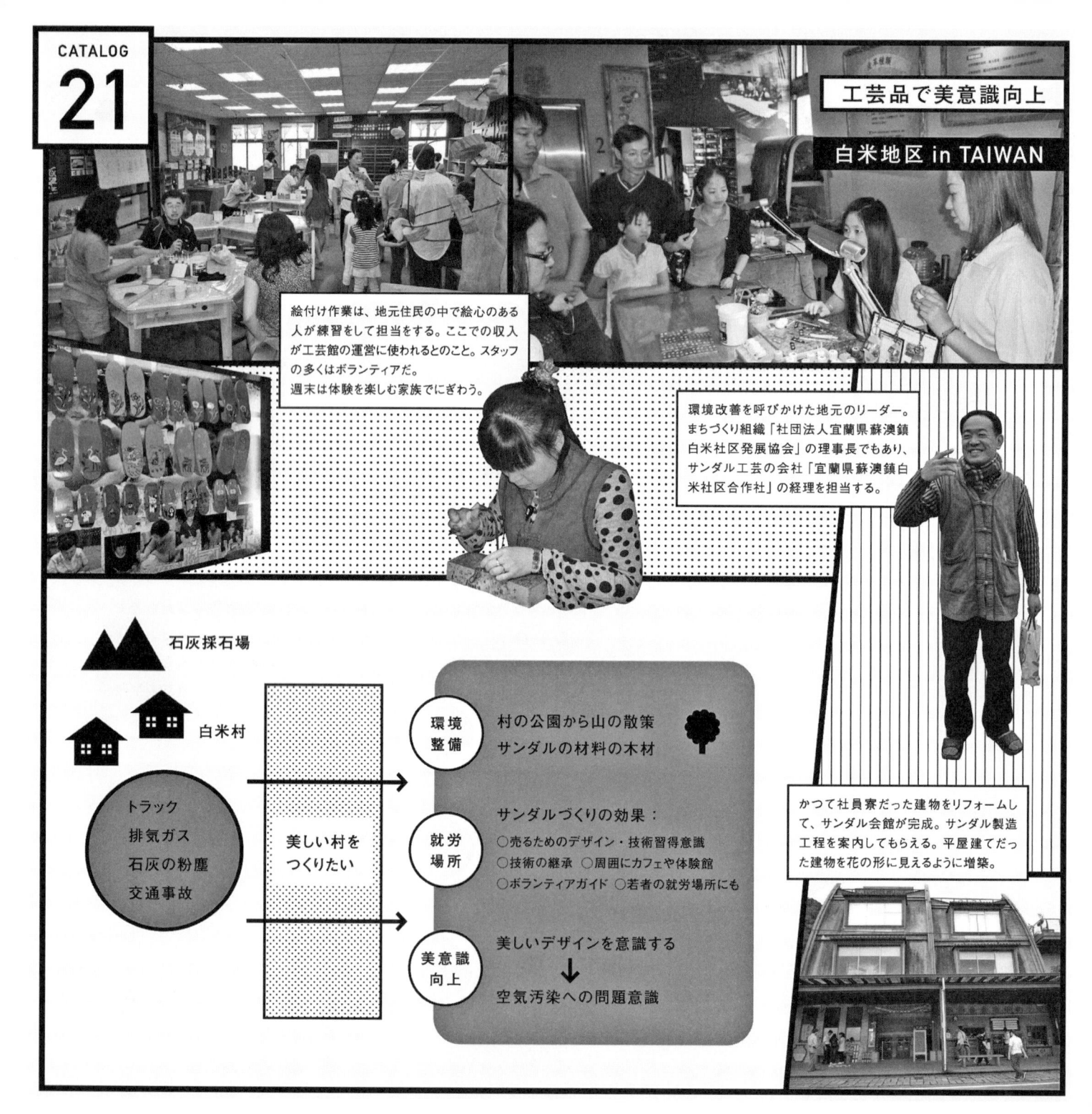

工芸品で美意識向上

白米地区 in TAIWAN

絵付け作業は、地元住民の中で絵心のある人が練習をして担当をする。ここでの収入が工芸館の運営に使われるとのこと。スタッフの多くはボランティアだ。
週末は体験を楽しむ家族でにぎわう。

環境改善を呼びかけた地元のリーダー。まちづくり組織「社団法人宜蘭県蘇澳鎮白米社区発展協会」の理事長でもあり、サンダル工芸の会社「宜蘭県蘇澳鎮白米社区合作社」の経理を担当する。

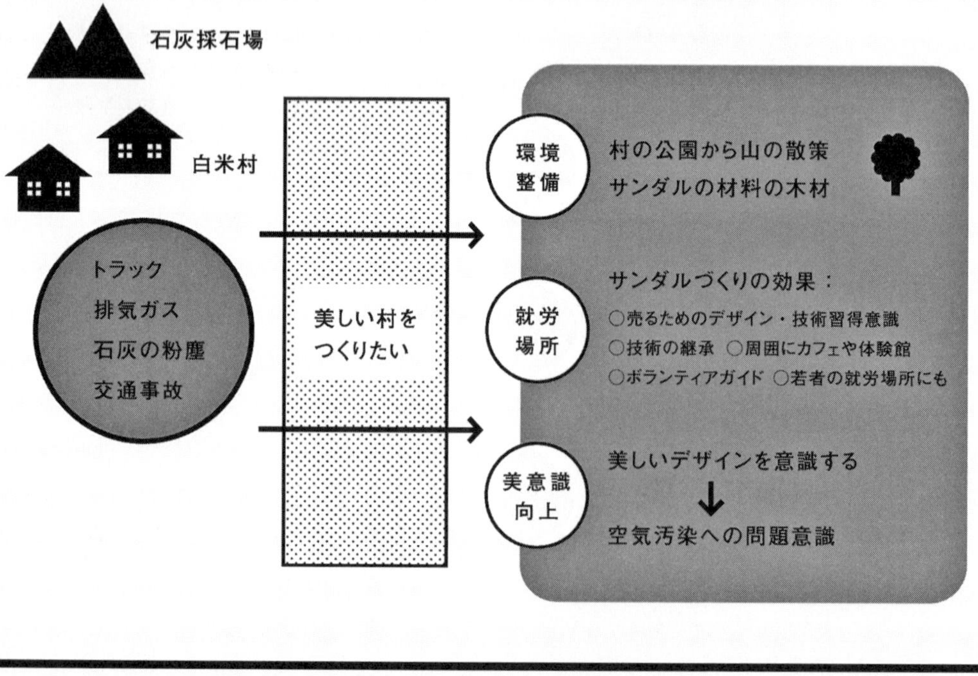

かつて社員寮だった建物をリフォームして、サンダル会館が完成。サンダル製造工程を案内してもらえる。平屋建てだった建物を花の形に見えるように増築。

工芸品で美意識向上

◇日治時代のサンダル生産

伝統的な民芸品をつくって販売する観光地は数多くあるが、廃れていた民芸品を復活させ、ビジネスとして成功させている観光地は少ない。ここではその実例を一つ紹介したい。

台北の南東にある宜蘭（イーラン）の市街地のはずれの山の中にある白米地区は、「白米草履村」としてサンダルを売り出している。サンダルといってもブランド品ではなく、私たちが「突っかけ」と呼ぶ類の、サザエさんが履いている、あのサンダルだ。このサンダルづくりを見るだけのために、目立った観光資源があるわけではない小さな村に多くの観光客が訪れている。

サンダルづくりはかつて日本の統治時代に始まった産業である。日本人のためのサンダルは、現金収入を得るのによい手段として熱心につくられていた。夜中に警備の目を盗んで裏山から木を伐り出してまでもつくっていたという。しかし戦後はその必要がなくなり、サンダルづくりはまったく行われなくなってしまっていた。もちろん、つくり方を知る人もほとんどいなくなり、すっかり忘れられた産業となっていた。しかし今、白米村は、サンダルづくりで有名な村となり、地域の住民が元気になりつつある。

◇石灰運搬による公害との闘う

今日のサンダルづくりの発端となったのは、白米村の先にある山で石灰の砕石が始まり、生活環境が悪化したことにある。第二次世界大戦後の経済成長に合わせて、台湾でのセメントの需要が伸びたことを背景に、白米地区の先にある山が、材料の石灰の採石場所として利用されるようになった。山間の静かな村であった白米地区にとっては、大きな環境の変化であった。

石灰を運び出すトラックが頻繁に、村人の住宅が立ち並ぶ目抜き通りを走り抜ける。騒音、交通事故への不安といったよくある公害はもちろんのこと、舗装のされていない道の泥を巻き上げ、排気ガスを撒き散らしていた。さらに、積み荷の石灰の粉が白く舞う中で、健康を害する人も出始めたのである。

住民の一人であった林瑞木さんは、この状態に危機感を覚えた。何とか改善のために運動を起こそうとしたものの、当初は一緒に動いてくれる仲間がすぐに集まったわけではなかった。

まず始めたのは、健康チェックの活動、健康体操など、粉塵対策を意識した健康活動などの試みで、公害問題の直接的な解決に取り組みたいと考えていた。しかし、公害問題を前面に出すと、原因となる会社に関連した仕事をしている人もいるので、なかなか地区全体の気持ちを一つにはできなかった。そんな中、取り組み始めたのがサンダルづくりだ。

◇サンダル体験で観光地に

今、この町は、週末には観光客がたくさん訪れる。まず訪れる拠点はまちの中ほどにある、目を引くデザインのサンダル工芸館だろう。サンダルの製造工程をボランティアによる解説付きで見学することができる。解説ばかりでなく、絵付けしたミニチュアサンダルが販売され、お客の名前を彫り込むサービスもある。好みの絵を彫り込んだ製品を購入することもできる。またさまざまな健康サンダルを使った、サンダル体操の体験が可能だ。もちろん、この健康サンダルも販売している。

サンダル会館での見学・体操が終わったあとには、数軒先にある体験館でサンダルへの絵付けなどができる。オリジナル作品をつくり、満足度を高めて帰っていただくしかけとなっている。

林さんには、「観光客が来て注目されれば、採石業者は粉塵を撒き散らすことができなくなるだろう」という目論見《もくろみ》がある。サンダルが、人を呼び、仕事をつくり、そして環境も改善されるというのが、林さんのシナリオ。実現するかどうかはわからないが、週末はかなりの混雑。住民は、自分たちの取り組みで地域が変わり始めていることを実感している。

◇みなで支えるサンダル産業

サンダルをつくる技術は、何十年もの間、つくられていなかったため、地域の中で継承されていなかったが、高齢者の中にかろうじて覚えているという人がいた。この高齢者から木をサンダルに加工する技術を学び、それまでものづくりに無縁であった人もサンダル生産に取り組み始めた。サンダルの絵付けなどは住民の中から得意な人が担当する。工芸品として観光客向けに売ることができるよう、絵付けを練習。それまでまったく絵に関わる仕事をしていなかった女性でも、先生の指導を受けながら上達していくという。当初は遠慮して嫌がっていた女性陣も指導を受けるうちに次第に上達し、来場者に堂々と作品を展示・販売して、立派な仕事をしている。

一連のサンダルづくりでは、古老の知っていたサンダル制作技術を若い世代が学ぶ、かわいらしい絵を描く、あるいはサンダルをボランティアで紹介するなど、さまざまな仕事がある。一人ひとりに役割が見い出せる点が白米のサンダルづくりの良さであり、それが当初のまちづくりの目的である住民同士を結び付けるきっかけとなった。互いに受け持っている仕事を認め合い、連携して取り組んでいることに誇りを感じているようであった。今では、女性たちの目は輝き、自信を持ってボランティアガイドをしたり、絵付け作業をしたりしている。多くの住民が関わり、活躍できる場がつくられ、まちの表舞台に多くの住民が立っている。観光地化され、注目される中で、自分たちで何かを変えることができるという体験を経て、まちづくりへ向けての自信を高めたようだ。

◇まちを美しくしたい

サンダルづくりは、住民が元気になるばかりでなく、美しいものを楽しむ気持ちを住民の中に育んだ。

サンダルの絵付けを仕事にした人だけでなく、ほかの住民も自分の身のまわりのもののデザインに関心を持ち始めた。気軽に楽しむ郵便受けづくりもその一つ。各家の郵便受けを自由にデザインし、互いに愛で合うイベントを行った。多くの家がこのイベントに参加し、通りを歩いていると創意工夫の施された多様なデザインの郵便受けが見える。何かをつくり出して、自分らしくありたいという住まい手のエネルギーが感じられる作品が並ぶ。

サンダル会館となっている建物は、もともと国営企業の社員寮であった。使われなくなった建物を譲り受け、現在のサンダル会館とした。３階には、小さなホールや会議室もあり、団体の見学者へのレクチャーなどにも使われている。平屋建ての社員寮を、ちょっとオシャレに３層に改修したことは、美しくしたいという気持ちの表れであろう。住民も毎日このおしゃれなリノベーション事例を見ていると、自分の家や町のほかの場所も少し工夫を加えてみようという気持ちを誘うのではないだろうか。

「まちを美しくする」活動は地域の公園づくりにもみられる。サンダル会館から山に向かう場所には手づくりの味わいのある散策路が用意されている。少しずつ空き地や山を購入し、整備中。将来は広いきれいな公園にしたいと考えているという。かつて材料を切り出していた山であり、豊かな自然環境を存分に楽しむための山でもある。石灰や排気ガスを撒き散らしてトラックの走り抜ける道から一歩奥まった場所にあるこの公園は、住民が環境の良さを実感し、トラックや採石会社に対して環境を良くするよう要請する気持ちを高めているようだ。

バラバラだった住民が、サンダルを通して結び付き、美意識を高めながら少しずつ結び付きを強め、住環境を良くしようという気持ちに向かい始めている。

（薬袋）

テーマ5

環をつくる

Creating Environments

さまざまな取り組みが、地域の中で環のようにつながり、循環することによって、地域の環境が再生され、そこでの人々の生活、それぞれの人生が時間をかけて豊かなものになっていく。ここでは「環」をつくり出すことに「自分にあわせてまちを変える力」が作用した4つのケースをまとめる。

『あらゆる手段で環境を守る』と『里山保全によりつながるまちづくり』では環境を守り育てる取り組みを、『地域で何を見つけるか』『小さな緑の養子縁組』では小さな産物の循環を通じて地域が再生された取り組みを紹介する。

CATALOG

22

地域で何を見つけるか

龍眼林社区 in TAIWAN

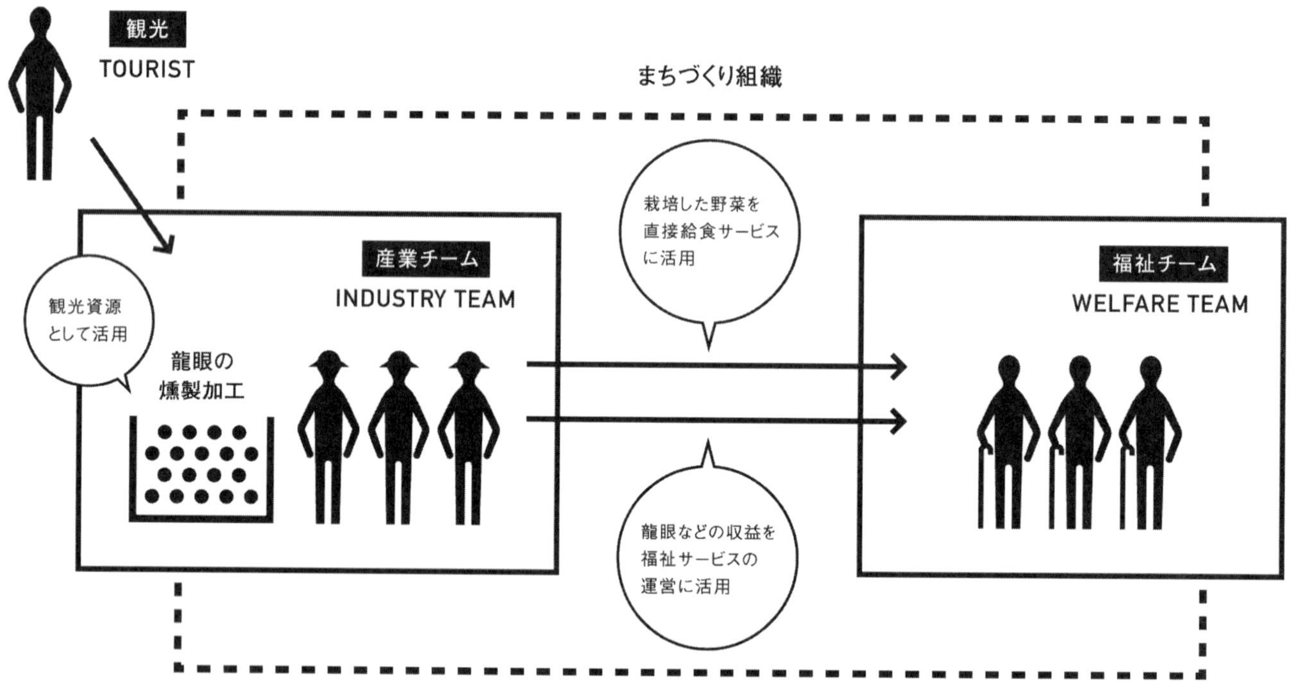

産業チームが育てた野菜を配食サービスに使用。

地域の特産物である、龍眼の加工を行っている。

※現地の看板に載っていた作業工程写真です。

トレードマークの「龍」も見える。

施設の裏庭の農園。この有機野菜を給食事業に使用する。

地域で何を見つけるか

◇「何もない？」
⇒「あれもこれもある！」

条件不利で「何もない」と思っている地域、負の遺産ばかりだと思われている地域、そういった地域にも実は地域資源が眠っていたりする。そういった隠れた地域資源を見つけてこそ自分らしいまちづくりを行うことができ、持続可能な循環が生まれてくる。

ここで紹介する龍眼林（リュウガンリン）社区は、そういった発想の転換をしたところである。この地域は台湾中部の有名な観光地である日月譚（ニチゲツタン）という湖の近くに位置していることから、どうしてもこの有名な観光地の影に隠れてしまう。

龍眼林は1999年の921大地震で大きな被害を受けた農村であり、震災後、とくに地域の高齢者がショックを受けて元気を失ってしまった。

しかし、地域に元気がない中でも若い住民は震災後の生活再建のために働きに行かなくてはならない。そこで若い世代が安心して外に働きに行くことができるよう、高齢者や子どもの面倒をみるための組織をみんなで立ち上げた。この地域ではこの会が中心となって、良い山、良い水、良い自然（中国語で『好山、好水、好自然』）を持つこの地域の「良い農村」づくりを始めたのである。現在、地域は観光、福祉、産業が循環して支え合っており、地域全体がレジャー農園（「休閒農業園区」と呼ばれる）として自然を活かした観光体験を提供している。

◇「良い山、良い水、良い自然」の中で何を見つけるか

ところで、「良い山、良い水、良い自然」といっても、それは農村ならほとんどが持つ特性だろう。その中から何を見つけ、どう活かすかは結局のところ自分たち次第であり、自分たちが持つ「良い○○」を「良い自然」の中で探すしかない。この地域では果物の「龍眼」（ライチによく似たゼリー状の果肉を持つフルーツ）を自分たちの「良い自然」として活用したのである。

有名な観光地と真正面から対決するのは難しいのはわかっている。そこで、自分たちの毎日がまず充実することで、人が自然に来るようになるといいだろうと考えたと言う。このようなゆったりとした考え方では直接の経済効果はすぐにはないだろうが、結果的に「良い循環」をもたらすような長期的視点が重要であると地域のリーダーは語ってくれた。

◇「龍眼」を見つけて

さて、それではどうやって果物の龍眼という特産品を活かした「良い自然」活用を始めたのであろうか。彼らが試した方法はくんせい技術による付加価値づくりであった。

龍眼は生のままだと鮮度が持たないが、くんせい加工することによって一年中食べられるようにし、その結果として高く売ることができるようにした。例えば、一斤（600g）が35元（約100円）のものが、加工すると100元（約280円）になるとのことである。この加工自体も農園内のみどころである。

これらの龍眼を中心として収益を産む産業チームの収益が、同じまちづくり組織内の福祉チームの運営に活用されることで、高齢者への福祉サービスを行うことが可能となった。また、地域センターのすぐ裏には農園が広がり、そこで収穫された野菜はそのまま調理室に直接持ち込んで、高齢者の給食サービスの材料として使われるようになっている。これまた「良い自然」を十分に活用している。

こういった産業、観光、福祉の循環によって地域が全体として成り立っているのである。まさに、「何もない」のでなく、「良い山、良い水、良い自然も、何でもある！」への発想の転換から良い循環が生まれたのである。（内田）

CATALOG
23

左）住民の意見が反映されずに
整備された四分渓の護岸。
右）最近行われた四分渓の
上流部の河川改修。
住民の意見が取り入れられ、
環境・景観に配慮された。

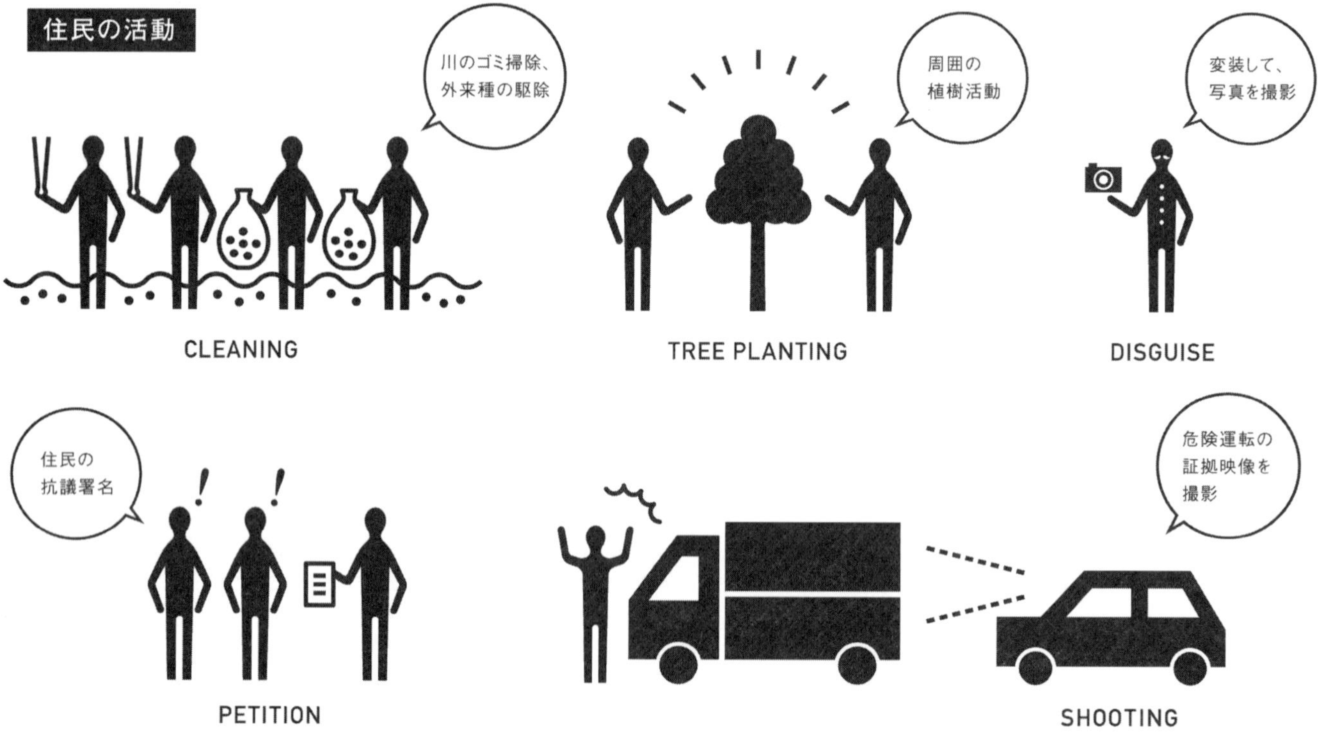

農村広場は、すでに廃村となっている
奥の方の集落へ続く道の入り口を
整備するかたちで創出した。

あらゆる手段で環境を守る

九如社区 in TAIWAN

あらゆる手段で環境を守る

◇美しい川がドロとゴミで汚された！

地域の身近な環境は、行政がルールを決めるだけでは守れないこともある。時間はかかるが、住民による地道な活動は欠かせない。しかし大きな壁にぶち当たったときには、多少強引でもあらゆる手段を尽くして動いてみることが状況を打破し得ると考えさせられる事例を紹介したい。

台北市郊外の九如（ギュウル）は、あたたかく雨が多い気候も影響して、豊かな自然に恵まれた地域である。樹齢100年を超える木々、色鮮やかな野鳥に加え、古来ここが海の中であったことを示す珊瑚の化石もある。地域を流れる川「四分渓」は、水量の多さと水質の良さが特徴の清流で、貴重な在来魚も生息している。米や茶などの農業も盛んだ。

この地域の自然環境を守るため、台北市は開発制限などのルールを設けていた。しかし2000年頃、こうしたルールを無視した残土処分場が地域に設けられてしまった。この処分場は、山奥の人気の少ないところにできたため、住民は長年気が付かなかった。

しかし、あるときから処分場の残土が四分渓に流れ出て、死んだ魚が大量に見つかるようになった。それに加えて、処分場を使うトラックの往来により事故が増え、また川の周囲の生態系にも影響を及ぼし、枯死した木々も見つかった。こうしたことが目立ち始めた頃に、住民は残土処分場ができていることに気が付いたのである。

◇短期間で残土処分場を追い出す

ここで血気盛んに立ち上がったのは、この川の水を飲んで育ち、川で遊んだ経験をもつ地域のおじさんたちである。2009年にはNPO法人を設立し、さまざまなかたちで問題解決を図った。具体的にはどんな活動か？

まず、月に1回、川の流れをせき止めたうえで地道にゴミ掃除や外来種の駆除、周囲の植樹活動を始めた。また、車にビデオカメラを積んで走行し、トラックがいかに危険な運転をしているかの証拠映像を撮影した。さらに大学教授の格好をして処分場に入り、適切な方法での残土処理が行われていないという証拠写真を撮った。こうして集めたビデオ映像などは、映像技術をもつNPOメンバー自らが編集まで行い、市議会議員や大学の先生、学生に呼びかけ、自分たちの活動への理解を促した。

それだけではない。住民の抗議署名を集めて法務省へも訴えた。マスコミの協力を得て地域の自然環境汚染の現状を発信したり、環境保全に関する国際会議を企画、開催したりもした。このような作戦が功を奏し、短期間のうちに市はこの処分場を使用禁止とした。

◇おじさんパワーで地域再生へ

とにかく川を守ることに全力を傾けていたおじさんたちであるが、今は一度汚染されてしまった川の再生、そして川を楽しむための周囲の空間づくりへと活動を展開させている。より自然に近いかたちでの護岸整備や散歩が楽しめる歩道の整備などを行っている。また、かつて盛んだったお茶の生産を、日本の統治時代に開発された方法で開始し、それを紹介する活動を行って、都市住民の農業体験の場、ほかの地域の生産者が学ぶ場にしている。さらに、自分たちの農村の良さをアピールするために、農村広場を整備し、地元農産品の販売もしている。

NPO法人の中心メンバーのおじさんたちは「活動はまだ始まったばかり。自分たちが生まれ育ったこの川の本来の生命力を取り戻したい」と情熱的に私たちに語ってくれた。「自分たちの活動にアドバイスがほしいから」と大雨の中、私たちに地域をくまなく案内してくれたおじさんたち、この意欲は今後も地域にとって大きなパワーとなるだろう。

（後藤）

CATALOG

24

325-6000
5925

里山のイメージが日本とはかなり違う。
住宅の背後に迫る里山。

抗議のために
立てられた
トーテムポール
小さな子どもを
持つ親が自主的に
設立した幼稚園

里山保全によりつながるまちづくり

ソウル市麻浦区 in KOREA

身近な自然環境として住民に親しまれてきた里山の保全
活動を通じて、まちづくり活動が地区全体に広がった。

里山保全により つながるまちづくり

◇住宅地の背後にそびえる里山

ソウルの地形は、日本人が想像するよりもずっと起伏が激しい。ソウル市内で自転車をあまり見かけないのは、いわゆるママチャリでソウルのまちを走り回ることが、かなりの荒業だからである。ここで取り上げる里山のソンミサンも、こうしたソウルの地形の特徴を反映し、住宅地の背後にそびえるように立っている。韓国の人は散歩が好きで、ソンミサンのように住宅地に近い身近な里山を毎日の散歩コースとする人も多く、里山は日本以上に住民の生活と密着した貴重な自然資源になっている。

◇子育て活動と里山保全活動がつながる

韓国は児童福祉に関する社会的な手当が手薄である。ソンミサン地区では、小さな子どもを持つ保護者が自主的に幼稚園の設立に取り組んだことをきっかけとして、まちづくり活動が始まった。児童福祉を地域が担う事例は、日本でも横浜市戸塚区にあるドリームハイツで1970年代に生まれている。しかし一般に、子育てをきっかけとするまちづくり活動は、子育て世帯以外を巻き込むことが難しく、発展しづらい。これに対し、ソンミサン地区のまちづくり活動は、子育て活動のグループが里山の保全活動に取り組むことで、まちづくり活動が地区全体に広がったことを特徴としている。

◇里山の開発との闘い

ソンミサンは、身近な里山として住民に親しまれてきたが、2001年にソウル市の貯水池が建設されることになり、子育て活動グループが中心となって反対運動を展開する。反対運動のさなか、貯水池の工事業者により無断で樹木の伐採が行われ、さらにその伐採が本来貯水池を建設するために必要な量より多く行われたことから、反対運動は全国的なニュースとしても取り上げられる。

住民はソンミサンが自分たちの生活と一体化した里山であることを主張するため、手づくりのトーテムポールを立てたり、伐採された樹林地を再生する植樹活動を行うなど、活発な抵抗活動を繰り広げた。この結果、2003年にソウル市は貯水池の工事を行わないことを決定する。住民の抵抗活動により、ソウル市による貯水池の工事が廃止されたのだ。

しかし、2009年頃から今度は私立大学の付属小中高等学校の建設をめぐって争いが再び発生する。

このように、一難去ってまた一難という状況は、民地の多い里山の宿命であり、里山を保全するためにはつねに開発と闘っていかなくてはならない。しかし市役所の事業には全力で反対できた住民も、民間が土地を所有し、それを学校という用途で開発しようとする場合、反対を声高に主張することは難しい。

◇活動をつなぐ里山

ソンミサンのまちづくり活動を運営する社団法人“人と村”（サラムガマウル）は、子育てだけでなく、劇団、コーポラティブハウス、コミュニティカフェなどさまざまな部門別活動を展開している。住民は個別に興味のある活動に参加しており、“人とムラ”はテーマ別のグループの連合体のような様相を呈している。この組織全体に共通するテーマがソンミサンの保全なのだ。

ただし、貯水池事件のあと、ソンミサンの保全活動はあまり活発に行われておらず、少しずつ、里山は生活の中に埋没しつつある。とは言え、また何らかの問題がソンミサンで発生したら、個別のテーマを超えて地区全体で活動するのだという認識が共有されている。ここでは地区を見下ろす里山が住民を見守り、またゆるやかにつなぐ役割を果たしている。（秋田）

CATALOG
25

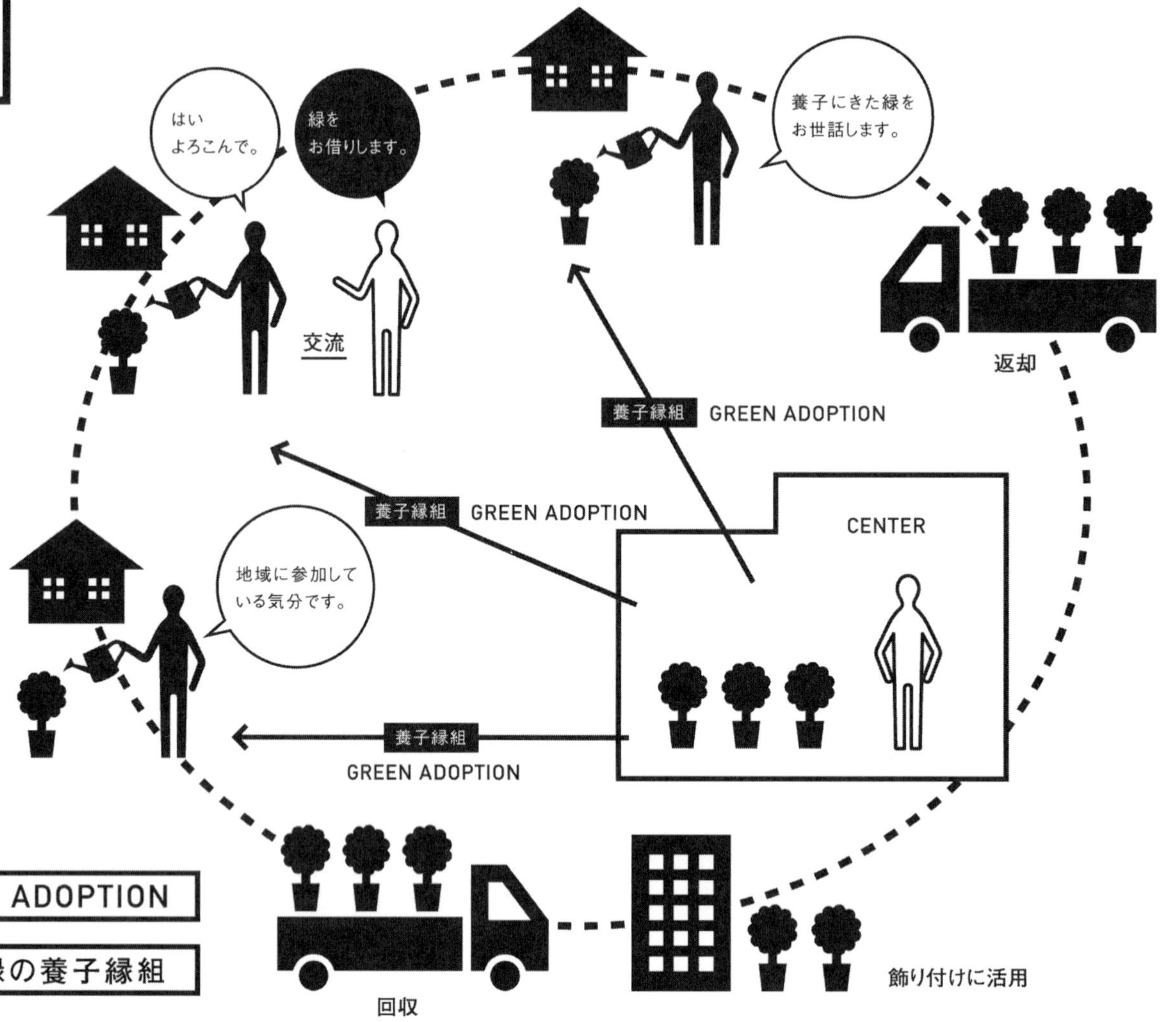
はい
よろこんで。
緑を
お借りします。
養子にきた緑を
お世話します。
交流
返却
養子縁組 GREEN ADOPTION
養子縁組 GREEN ADOPTION
CENTER
地域に参加して
いる気分です。
養子縁組
GREEN ADOPTION
飾り付けに活用
回収

GREEN ADOPTION

小さな緑の養子縁組

中寮郷 in TAIWAN

地域にみどりを増やす。まちづくりリーダーのがんばりがあってこそ。

商店街の各店舗の前に、貸した緑が並んでいる。

小さな緑の養子縁組

◇バナナのまちの「移動可能な緑」のしかけ

台湾の中央付近、中寮郷（チュウリョウゴウ）というところに位置する永平（エイヘイ）社区というまちは、かつてバナナがたくさん採れる豊かな地域だった。その頃はまち全体が豊かで、このまちではバナナの汁が洋服に多く付いているほどその人はお金を持っているとみなされたほど、「バナナのまち」だった。しかしそんな時代も過ぎ、1999年の921大地震でこの地域はたいへんな被害を受けた。震災後は、バナナの村としてかつて豊かであった永平社区から人がいなくなり、コミュニティ最大の危機を迎えた。

そこで、まちづくりを始めようと人々が危機感をもって立ち上がり、自然に恵まれたこの地域で、緑を活用したまちづくりが始まった。その一つが「緑の養子縁組」である。

緑は手間がかかるので、育てる中でコミュニケーションが発生しやすい。ここではガーデンのようなある場所に固定した緑ではなく、あちこち移動可能な緑を用いることでコミュニティを盛り上げようとしたところが、この地域の取り組みの特筆すべき点である。

◇緑の養子縁組のメリット

この地域での「移動可能な緑」によるコミュニティにおけるしかけは、いわば緑の養子縁組である。どのような取り組みかというと、まず、①コミュニティセンターが緑（鉢植え）を準備する。②コミュニティセンターから移動可能な緑（鉢植え）を各世帯に養子縁組に出す。担当する緑は「責任持って育ててね」とお願いする。③緑のお世話を委託することによって、住民に自分が地域に「参加」しているという気分を演出する。④まちのイベントがあるときには「おたくの緑をもうすぐ借りに行きますよ」と告げ、コミュニティ・センターが養子に出した鉢植えを会場に彩りを添える飾りとして借りるというものである。

これには大きく二つのメリットがある。まず一点目として、イベントのときの会場の飾り付け費用が抑えられるということ。また、二点目として、住民は鉢植えを養子縁組して育てることで何か自分がまちに貢献し、参加しているという気持ちになるということがある。

鉢植えを借りるときには1～2週間前に「借りますよ」と伝えておく。そうすると住民が会場の飾りにふさわしい緑になるように事前にきれいにメンテナンスしておくそうだ。コミュニティセンターはどこにどんな鉢植えがあるか記録してあり、会場のセッティングを考えたうえで借りる緑を決めて、ぐるりとコミュニティを回って養子縁組した緑を借りに行くのである。養子縁組に出して終わりではないので、借りるときにも住民とコミュニティセンターの間に再び交流が生まれる。

このようなプロセスによって、本格的な「参加」活動を行わなくても、日常生活の中でコミュニティに参加している気持ちを育てることができる。緑を一緒に育てている、という行為自体が地域に一体感も与えているのだ。この地域ではほかにも、震災後に空き地になったところのオーナーと交渉してみんなで使えるように土地を提供してもらい、薬になる植物を育てている。ボランティアチームがこの緑地の管理役を担っているのだ。この地域ではこういった大小の緑のしかけによってまちを変えるがつくられている。

◇まちづくり観光が盛り上がった！

これらのまちづくり活動の結果、評判が高まり、この地域のまちづくりを見に来るためだけに観光バスが来るという。観光客が来る日には、商店街も盛り上がり、新たな活気が生まれているそうだ。副次的な効果としての「まちづくり観光」である。（内田）

第３章

「自分にあわせてまちを変えてみる力」をめぐるダイアローグ

人々には「自分に合わせてまちを変えてみる力」が備わっている、ということがこの本の前提である。しかし、本当にそのような力はあるのだろうか？ その「力」はどのように語られてきたのだろうか？

本章では、異なる分野で活躍する４人の専門家とのダイアローグを通じて、「自分に合わせてまちを変えてみる力」の本質や意義に迫っていく。

４人の専門家は、ランドスケープ、社会学、都市、建築設計の異なる学問的・専門的バックグラウンドを持つ方々である。４つの異なる視点から「自分に合わせてまちを変えてみる力」を考えてみよう。

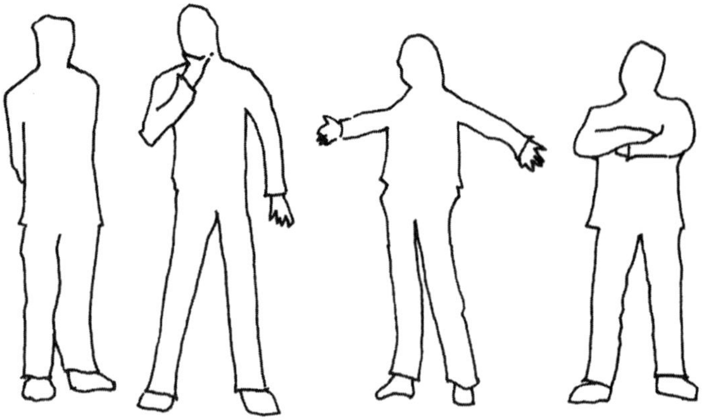

ダイアローグ1

見ているものを異なるスケールで見返してみる

石川 初さん：慶應義塾大学大学院教授

ランドスケール

Q　石川さんが提唱されている「ランドスケール」という言葉はどういう意味なのですか？

「ランドスケール」は私が作った造語なのですが、何か特別な物事を指すわけではなく、「見ているものを異なるスケールで見直してみる」というような方法のことです。私はまち歩きをしたり、地図を作ったり、ＧＰＳで地上絵を制作したり、まあいろいろなことをしているのですが、それらには共通したアプローチがあって、それが「スケールを変えてみる」というやり方なのです。私はこれを「ランドスケール」と言っています。「ランドスケール」とは、別に特別な方法論ではなくて、ランドスケープの専門家が、例えば建築や土木などの隣接分野の専門家と一緒に仕事をするときに、ランドスケープならではの視点をもたらすために取る方法であり、ランドスケープの専門家に期待されることでもあります。ある対象地に対して、それを取り巻くより広域なスケールでその対象を見直してみる、というようなことです。

Q　本書で取り上げている韓国や台湾の素人たちが創り出すような空間は、日本にもありますか？

見渡せば日本にも結構あると思います。たまに地方都市のロードサイドなどに見られる、オーナーの暴走系物件というか。あれをちょっと思わせますよね。私の地元の調布にも、路傍に何の脈絡もなくキリンのオブジェが立っているところがあります。オーナーにちょっと彫刻の素養があってそれが暴走しているものの中に、韓国・台湾と通じるものを感じました。

Q　個人が爆走する事例だけですか？

みんなで暴走している事例もあると思います。例えば、私たちが「都営スタイル」と呼んでいる現象があります。団地の屋外空間の風景なのですが、ＵＲ（都市機構）の団地とはまた異なる、都営住宅に独特に見られる現象です。ＵＲ団地は共有のオープンスペースの管理が厳しいので、住民がそこに好き勝手に木や草花を植えたりしてはいけないのですが、都営住宅はその点がゆるいようで、建設当時は芝生だった広い緑地を住民がどんどん開墾して、オープンスペースが個人のガーデニングで埋まっていることがよくあります。１坪ガーデンがパッチワーク状に集積したランドスケープです。ガーデンの配置パターンにはしばしば、自発的なルールの存在を感じるような秩序が見られます。都営青山北町アパートのオープンスペースを調査した論文があるんですが[注1)]、東京都によるもともとの植栽は一部しかなくて、あとは個人の管理が空き地を埋めています。写真１～５は、団地の建物の改修工事のときに住民の方が避難させていた植物をオープンスペースに戻しているところです。鉢に植えられてどこかに保管されていたらしい草花や樹木が多量に戻されています。興味深いのは、庭の復元にあたって、最初に区画を引き直していることです。住民の勝手な占拠なのですが、建物の面に対して垂直に、住戸の間口に合わせた幅で境界線が引かれ、建物に近いところから１階の住民の庭、２階の住民の庭というふうに、はっきりしたルールにもとづいて区画割がされています。写真４が復元後の様子、その１年後が写真５です。一つひとつのガーデンを

写真1　都営青山北町アパートの庭空間

写真２・３　建物の改修工事後に復旧されつつある個人ガーデン

見ると実にのびのびと場所を使っていて、相当におもしろいです。

別の例で、現在は廃線になっているＪＲ小名木川線という錦糸町から晴海まで伸びる貨物線があるのですが、この線路の南向きの土手を地元の住民が放っておかない。都営スタイル全開です（写真６〜８）。ＪＲによる、線路敷きは地域住民の方に管理を委託しているという、おそらく後付けの看板が立っています。

場所に対する解像度

Q　なぜガーデニングで「暴走」が起きやすいのでしょうか？

ひとつは、場所に対する「解像度」（場所と個人の関わりの密度）の問題があると思います。個人が手の届く範囲で環境にコミットすると相対的に解像度が高くなります。ＵＲの団地のように、オープンスペースを共用部としてひと括りに設計すると、緑地の標準形を決めて、その仕様ですべてをカバーして管理せざるをえない。しかし、個人が１坪単位でそれぞれ管理するとなると、その空間単位ごとに異なる管理が可能になります。日影には影に強い植物が生え、乾いた場所には乾燥に強い植物が生えるように、環境に対する応答が細かくなります。いわば応答の空間単位が繊細になって、判断の積み重ねができてくる。それぞれのガーデナーは自分の区画の庭を最適化することしかしていないのだけど、そ

写真４　復旧された個人ガーデン、半年後

写真５　同ガーデン、１年後

石川 初　いしかわはじめ

慶應義塾大学大学院
政策・メディア研究科教授

1964年京都生まれ。東京農業大学農学部造園学科卒業。鹿島建設株式会社、Hellmuth, Obata and Kassabaum Planning Group、株式会社ランドスケープデザイン設計部を経て、2015年４月より現職。登録ランドスケープアーキテクト（RLA）。
著書に『ランドスケールブック―地上へのまなざし』（LIXIL出版）など。

れが集積して濃密なランドスケープになる。

都営住宅にお住いの方の社会性というか、独特のラジカリズムのようなものも作用していると思います。それが、例えばモノレールの高架下のフェンスの脇に「空き地はもったいない、ネギを育てちゃえ」といった行動を生んでいる。分譲のタワーマンションではまず起きない。でも都営住宅の建て替えで作られたトミンタワーの足元には発生する。都営住宅の住民の、周囲の土地に対する打ち解け方というか、カジュアルさがあるんですよね。以前、新宿の百人町にあった都営住宅で、先の事例のように自分の区画で庭仕事をしていたおばさんから、住民には地方出身者が多く、みんな田舎に帰ったときに故郷の植物を持ってきて植えるので、ここには全国の花がある、と教わったことがあります。植物に詳しい人と歩くとおもしろい空間でした。

拝見した韓国・台湾の事例にも、場所に対する解像度の高さを感じました。私の仕事では、大規模な再開発プロジェクトに関わることがしばしばあります。計画する側は計画地全体のスケールで秩序を考えて設計せざるをえない。芝生にしても、低木の植え込みにしても、舗装にしても、それぞれある広さを一様に覆うための標準形です。一方、プロジェクトの周囲に残る密集住宅地を歩いてみると、住宅ごとに植わっているものも管理の仕方も違う。一軒の家をとっても、玄関の前と駐車場では環境が異なっていて鉢植えの様子が違います。場所とのやりとりの積み重ねで現われる、こうした風景は計画的に設計できません。設計できるスケールは限定されています。

でも、都営住宅の営みの枠組みをつくることはできるんじゃないかと思います。広域のスケールで枠組みをつくって、その中で「都営スタイル」みたいなものが発生するように促す。空間の設計というより管理のデザインかもしれません。標準形の緑地にも雑草が生えてきますが、場所によって生え方や種類が違います。標準形による建設が一段落すると、土地の解像度が回復してくるわけです。これを、標準形で押さえ続けるのではなくて、細かくチューニングしていくことができるかもしれない。

同じように、自発的なルールや秩序が形成されているみんなの「暴走風

写真６　ＪＲ小名木川線の土手に沿った道路

写真７　同土手、菜園化した空地

写真８　同土手、飼育されていた鶏

景」のひとつに、個人住宅のクリスマスなどの電飾があります。大山顕さんというフォトグラファーがこれを「浮かれ電飾」と呼んで、写真をコレクションしています。彼によると、イルミネーター（電飾に凝る人）同士の共通の美学があって、達人と初心者の違いや流行の発光色、点滅パターンの回路の品質まで、お互いに見てわかるそうです。電飾には、同じ通りに沿って伝播していたり、打ち合わせずとも片づけるタイミングが揃ったり、という独特の動きが見られます。電飾をしたままお正月を迎えてはいけないというような共通の心理が働くらしく、クリスマスを過ぎると年末までにぱっと片づけるそうなんです。これはある種の文化ですよね。もっとも、正月を突破しちゃえば春まで電飾できる。今、クリスマスとお正月兼用の飾り物がホームセンターに出回り始めていて、正月用の水引で飾ったクリスマスツリーなんてのを見たことがあります。ちょっとやばいですよ。この暴走が進めば、門松がイルミネーションされるまであと一歩です。誰かがやり始めてしまったら電飾のシーズンが一気に伸びて、バレンタインくらいまで続くようになると思います。

共通する「力」

Q　私たちは、韓国と台湾で見てきたものが、何らかの共通する「力」によって実現されているのではないかと考えています。「都営スタイル」や「浮かれ電飾」はどういう「力」で実現されているのでしょうか？

個別に見れば、それぞれ異なる条件や事情がありますが、共通するものもあると思います。個人の表現に対する渇望と、それを個人の手が及ぶ範囲で懸命に実践していること、それが集積して結果的にまちの風景を変えるほどの効果を持っている、という点です。もちろんある程度わかっていてあえて実践している場合もあるし、もっと純粋に、やむにやまれず衝動的に出てきたものもあるでしょう。そうした実践を引き出す契機が重要なのではないでしょうか。種が発芽するために、最初だけちょっと押してあげるみたいなことです。

Q　「力」はなぜ生まれてくるのでしょうか？

庭のデザイナーの間で「７人の小人問題」と呼んでいることがあります。個人邸の庭をデザインしたあと竣工後に写真を撮りに伺うと、７人の小人の陶器の置物が置いてあって写真の撮りようがなくなる、という衝撃体験のことです。７人の小人を置かれちゃうと途端に風景が陳腐化するわけです。

でもよく見直すと、そこに施主のある種のスピリットを感じるじゃないですか。表現が物体化して風景にコミットしてしまったというような。これはこれで、空間のデザインや風景の美しさとはまた別に、好ましいものに思えてきます。一時期、私はこういう事例を熱心に撮り集めていました。

写真９は、住宅の壁面を緑化し、そこでリスを飼育するという壁面緑化・壁面飼育の写真です。写真10の壁では育てたヘチマを収穫して、アートとして飾っています。ぬいぐるみや造花も混じっているハイブリッドな生態系です。まち並みとして美しいかというと問題がありますが、住民がこの場所を自分の場所にしている力強さがひしひしと伝わってきます。

以前、学生たちとまちにヒマワリの種を播いて歩いたことがあります。青山の園芸店でヒマワリの種をみんなで買って、表参道周辺を歩きながら播いていきました。花の種を握って歩くだけで、風景がまったく違って見えます。そこかしこに舗装の隙間や植え込みがあって、まちは意外と隙間だらけで土が見えているということがわかります。中央分離帯とか、公共の花壇とか、店舗前の植え枡とか、そういうところにもこっそり播いたりして、なかなかおもしろかったです。種を播くと、それだけでよそよそしかった表参道のまちにすごく親しみを抱きます。みな自分が播いた場所はよく憶えているもので、次の日から観察日記がメールで飛び交う「わたしの表参道」になります。

　いわば、まちのハードウェアのパーソナル化です。日本はまちのパブリックに対する感覚が欧米と違い、市民が積み重ねてきた実感がないんじゃないかと思います。あるときに急に近代化して、パブリックに対する態度を決めかねたままきてしまったような。パブリックとプライベートの境界を飛び越えるものとして、場所をパーソナルにするという行為はひとつのヒントではないでしょうか。

　ハードウェアのパーソナル化にあたって重要なのが「スケール」の問題です。ランドスケープの設計はほとんどパブリックのスケールが相手であって、しばしば100m単位の解像度で計画されます。都営スタイルはまったく違う方法やスケールでの土地のマネジメントです。陰になっているところは山野草、陽の当たるところは菜園というように環境に対する呼応が細やかにできます。私はそういった「チューニング」に興味があります。人の身体のサイズで関わっているかどうかが大きいんじゃないでしょうか。

Q　韓国・台湾・日本のまちづくりの空間を見ると、うまくチューニングできているものと、まだ思いつきに近いものがあります。長期的に見てどうなっていくか、5年後に行ったときにどうなってるか楽しみです。

写真9　ヘチマ壁

　韓国の詩のまちづくり（カタログ❹：壁にこだわる）には、ある種の「都営力」を感じます。日本とは全然違う都営スタイル的な持続が生まれるとおもしろいですよね。さまざまな表現を試すように、いろいろなことをやっている時期がおもしろいですが、やがて淘汰が進んで、適正なものにチューニングされていくのかもしれないですね。

（聞き手：秋田、饗庭）

注1）江崎朝子「集合住宅団地居住者の園芸活動による空間マネージメントに関する研究」（平成12年度千葉大学園芸学部修士論文）

写真10　壁面飼育

ダイアローグ 2

都市の『工夫と修繕』

加藤 文俊さん：慶應義塾大学教授

工夫と修繕

Q　加藤さんの「工夫と修繕」という教育プロジェクトについて聞かせてください。

僕は、学部の頃は経済地理学を専攻していました。さまざまなテーマを扱うのですが、例えば公共スペースでどのベンチから埋まっていくか、待ち合わせのときに人は何をして過ごしているのかなど、人々がどのようにまちと接しているかを探ることに興味を持っていました。

その後、人々のふるまいへの関心からコミュニケーション論を学び、今は、地域コミュニティの調査やフィールドワークの方法を教えています。「工夫と修繕」は、ゼミの課題として考案したもので、1 学期間のプロジェクトとして、東京の銀座をフィールドに実施しました。問題意識としてあったのは、僕たちの行動は思っている以上にルーチン化していて、まちを一面的にしか見ていないということでした。例えば銀座の表通りは通るけど、路地は見たことがない。「工夫と修繕」では、まずは普段見ていないところを見ることから始めるよう指示しまし

加藤文俊　かとうふみとし

慶應義塾大学環境情報学部教授

1962年京都府生まれ。慶應義塾大学経済学部卒業。龍谷大学国際文化学部助教授などを経て現職。2003年より「場のチカラプロジェクト」を主宰。学生たちと全国のまちを巡りながら「キャンプ」と呼ばれるワークショップ型のフィールドワークを実践。
著書に『おべんとうと日本人』(草思社)、『つながるカレー：コミュニケーションを味わう「場所」をつくる』(フィルムアート社)、『キャンプ論：あたらしいフィールドワーク』(慶應義塾大学出版会)ほか。

た。また、まちには、人々によって手が加えられた「へんてこなもの」がたくさんあります。それは、デザイナーや設計者の立場からは望ましくない、意図しない使われ方で、場合によっては腹立たしいことかもしれません。しかしそれは、そこで暮らす人々が何らかの想いで少しずつ改変し、バージョンアップしながら使っているということだと考えられます。「工夫と修繕」は、なんでもいいからそれを探しに行くという方針で進めました。

「デザインリサーチ」と呼ばれる調査方法があります。フィールドワークを中心的な活動に据え、人間観察を重視する、定性的な調査方法です。例えば、何かモノを作ったり、サービスを提供したりする際に、事前に人々のふるまいを理解しておくことはとても重要です。人々のニーズを知り、人々がどのように生活を組み立てているかを理解するためには、人々がどのようにモノを扱うのかをじっくり観察する必要があります。そういう方法が注目され始めていることも、「工夫と修繕」を思いついた背景にあります。何かが足りないとき、間に合わせでちょっとしたことをやりますよね、僕たちって。仮止めとしてガムテープを使うこともあるし、空き箱を使う場合もある。その場しのぎ的ではあるものの、そこには優れた知恵が活かされているにちがいない。そこに、新しい商品やサービスのアイディアのもとがあるかもしれないと考えています。

例えば仮設住宅を見ても、最初に与えられた形やしつらえに対して、そこに暮らしている人たちが、屋根の形を変えたり増設したり、いろいろやっているわけです。そういった機能性を求める部分と、好きでやっている装飾的でマニアックな、ある意味、奇妙な仮設住宅に変えてしまおうという発想や実行力に関心があります。それはたくましさというか、生きていることをより楽しもうというエネルギーの表れだと思うので、そういうものを見かけだけで見苦しいなどと言わずに、まずは愛でるという態度が必要だと考えています。

しかし、そういうものは注意していないと見つかりません。そういうものに目を向けましょうというのが、「工夫と修繕」プロジェクトが目指す態度です。

「工夫と修繕」の成果は、まち歩きの地図としては奇妙です。もう形が変わっているかもしれないし、今は片付けられて姿がないかもしれません。しかし、これを調べた時点の銀座のまちなかには、普通の学生が抱いている銀座のキラキラしたイメージとはかけ離れた不思議なものがいっぱいあり、それを一覧できるようにしておくと、銀座が違うまちに見えてくるし、時間帯を選べばこういう工夫をしている人たちに出会えることもあるということがわかります（図１）。

「工夫と修繕」の成果をひとつ紹介しましょう。これはよく見かける道路の金属製車止めポールですが、そのまわりにウレタンフォームやテープをぐるぐる巻いて、その上にちゃんとランプも取り付けてあります。車の出入り口には、このほうがはるかに安全です。普段は気がつきにくいのですが、こういうものがいろいろと発見されます（図２）。

実は、僕たちは普通に売っている道具や生活用品を買ってそのまま使うことはほとんどなくて、自分の生活空間をつくるときには、間違

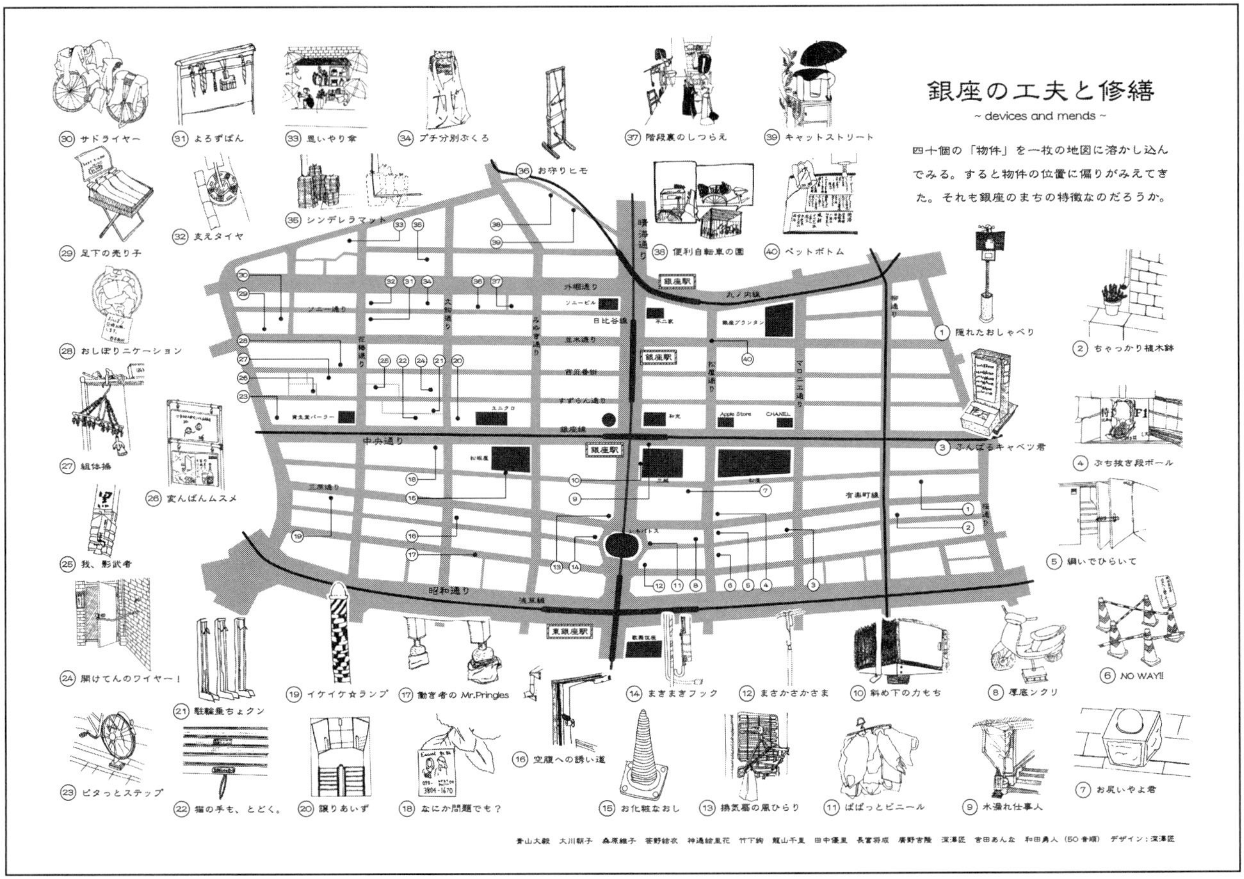

図１　銀座の工夫と修繕（加藤氏提供）

いなく一手間二手間をかけています。それをある種の生きがいのようにマニアックにやっている人もいる。そこに、暮らし方や生活の仕方が表れているわけです。もうちょっとうまくできたんじゃないかと思えるものもあって、それが逆に人間っぽさを感じさせてくれるわけです。

Q　本書の韓国や台湾の事例に比べると、銀座の「工夫と修繕」は渋いですよね。

銀座では、「銀座の工夫と修繕」からわかるように、あまり光が当たらないところで、地味に「工夫と修繕」が行われている感じですよね。でも、日本にも自宅の庭に立派な塔や山を作ってしまう人とかいるじゃないですか。日本では自分の敷地の中でやっている人が多い気がしますね。少なくとも、僕が銀座で見たものは、おもしろさや楽しさを演出するためではなく、まさに何らかの問題に直面して、工夫や修繕が必要だったためにやらざるを得なかったものばかりです。なので、やや控えめに恥ずかしげに行われている感じを受けます。

韓国や台湾は、もしかすると人々のふるまいに寛容なのかもしれません。勝手に公共空間にヤギを置いても（カタログ❶：都市の手づくりデザイン）、誰かが怪我をするとか著しく不快になるなど、大きな事件にならないわけですよね。文句を言われることはあるかもしれないけれど、プライベートとパブリックの間のゾーンを遊び倒すことを考えられる度量というか、まちとしての余裕があるのかもしれません。

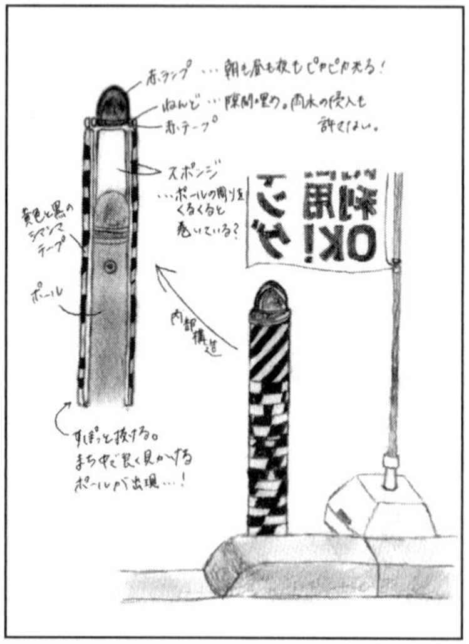

図２　イケイケ☆ランプ（加藤氏提供）

気付く力

Q　「工夫と修繕」を通じて、学生たちはどのような力を獲得していくのでしょう？

こういうフィールドワークを１回やると、まちの中のちょっとしたものが気になってしまうようになります。一度でもこういう課題をやって、ほかのグループが別のものを見つけたと知ると、もういつでもキョロキョロしちゃう。心のありようも含めて、まちとの接し方がちょっと変わってしまいます。それは教育という観点から、とてもおもしろいことだなあと思っています。

教育の効果としては、「気付く力」が大きなキーワードでしょう。学生には、残念ながら気付く人と気づかない人がいます。それは「センス」の有無で語られがちですが、ある程度はトレーニングできる部分があります。作った人の思惑通りではなく、使う人が見えないところで微妙に手を加えているということは、普段の生活の中では見過ごされやすいのですが、それに「気付く力」をどのように育むかが大事な課題だと感じています。

Q　それは「工夫と修繕の力」ではないのですか？

「工夫と修繕の力」を獲得するのは、難しいかもしれないですね。でも、例えば建築の分野でトレーニングを受けてきた人が、たくさんの建築事例をレパートリーにしながら、まちを読み解こうとしているように、こういうフィールドワークを少しずつ続けることによって、「工夫と修繕」が必要になったときには、「あそこはこうやっていた」「こういうときはあれが使える」というように、さまざまな事例を参照しながら発想できるようになるかもしれません。「工夫と修繕」の可能性や多様性が頭に入ることは大切だと思います。

場所とコミュニケーション

Q　「工夫と修繕」はどんなまちにもあるのでしょうか？ 新しく開発されたまちと古いまちの違いがあるのでしょうか？

「成熟度」という言い方が適切かどうかわからないのですが、人々がそのまちで暮らしてきた歴史がどのぐらいあるかは関係しているかもしれないですね。できたての状態からはじまって、暮らしていくうちに、工夫や修繕の箇所は必然的にでてくると思います。いろいろな形はあるものの、人の暮らしの中には、必ず工夫や修繕があります。新しく開発されたばかりで暮らしの匂いがないところでは、そういうものが観察されにくいのかもしれません。

綺麗で清潔感があって、生活感のない人工的な環境が良いという価値観は当然あります。そのような価値観にもとづいてまちがつくられていることも僕は理解できるのですが、一方で暮らしの匂いを出していこうとする生活者からのチャレンジが、きっとあるはずです。それは、「作る人」と「使う人」との関係性の問題です。人の暮らしがあるところでは、必ずなんらかの欲求が生まれています。ちょっとこうしたいとか、面倒くさいとか、窮屈に感じるとか。それを少しでもやわらげるために手を入れるのでしょう。もしかすると、新しいまちで満たせない欲求が、古いまちで露呈しているのかもしれない。

活気のある、人々を惹き付ける「場所」は、何かの力を持っていると思います。きれいな机と椅子があるだけでは人は集まってこない。僕自身はコミュニケーションに興味を持っているので、何らかのコミュニケーションを通じて「場所」がつくられていくことの正体を知りたい。空気やそこの雰囲気が人を惹き付け、にぎやかさみたいなものを生み出している。それは、分解するとわからなくなることがある。空間設計もアクティビティも大事で、さらに道具も関わってきますが、やはり現場を理解しないといけない。細かく分解してしまうと見えなくなることがたくさんあると思っています。

Q　銀座の「工夫と修繕」ではどうコミュニケーションが発生しているのですか？

僕がおもしろいと思ったのは、「おしぼりニケーション」です（図３）。直接対面することなく、メモのやりとりだけで進行する、お店とおしぼり屋さんのコミュニケーションの事例です。オープンしたての店のメモには、ものすごくていねいなメッセージが書かれている一方で、長年取り引きがあるところだと数字しか書いていない。無愛想なのではなく、もう余計なことは言わなくてもいいような関係が育まれているのでしょう。お店の人にもおしぼり屋さんにも会っていないのですが、おしぼりとメモを見るだけで顔が見えてくるし、関係性も見えてくるのがすごくおもしろいですよね。

　モノの背後には、人の営みがあります。必ずしも場所や時間を同時に共有しておらず、その人とは会ったことがなくても、この小さな容器を介することで、人と人との出会いや関係がつくられていることは間違いないです。こういうものを眺めて、人の姿を想い浮かべられるようになることは大事だと思います。

見せたい欲と見たい欲

Q　加藤さんの目には、私たちが韓国や台湾で見てきたものはどう映りますか？

　僕たちには、見てほしい、気付いてほしい、かまってほしいというある種の「見せたい欲」があります。洗練された「見せたい欲」からベタな「見せたい欲」まで。まちをきれいにしたいということのほかに、「これは俺がやった」「私がこんなにしました」っていうことを、みんなに承認してほしいという欲求がある。まちに対して何か造作・操作を加えることは、まちへの想いの表れですよね。その想いの表れをわかりやすい形で出して、これすごいねとか、おもしろいねとか言ってほしいのではないでしょうか。

　その裏返しで、僕たちには、隣の人の生活を覗きたいというような欲求もあります。つまり「見たい欲」です。昔ながらの良いコミュニティでは、この「見せたい欲」と「見たい欲」が問題の起きない形でうまく結び合っていたのですが、今はこの関係が昔のような形になっていない。寛容さがないと、「見せたい欲」も「見たい欲」も、好ましくないものだと扱われてしまう。僕たちは、いつでもどこでも誰かと一緒にわいわいというのは疲れちゃうし、ひとりぼっちも寂しいわけで、自分の生活時間を組織化していく中で「見せたい欲」と「見たい欲」との接点を探っているわけですよね。人は「工夫と修繕」を通じて、誰も気付いてくれないかもしれないと思いながら、自分ならではのまちとの関わりをアピールしているのではないでしょうか。無視される場合も、あるいはクレームを呼び込む場合もあるから、どうなるかわからずやっているのだと思いますが、表現の方法や度合いは違うものの、韓国や台湾の人も、そして銀座の人も共通して「かまってほしい」のではないでしょうか。結局のところ、僕たちは、コミュニケーションの相手を執拗に求めながら暮らしているということなのだと思います。

（聞き手：秋田、後藤、饗庭）

図３　おしぼりニケーション

ダイアローグ3

アノニマスな都市空間を読む

青井 哲人さん：明治大学准教授

台湾の民主化の担い手

Q　アジアに興味を持ったきっかけを教えてください。

大学院の頃、韓国・台湾出身のひとまわり年上の先輩たちがいて、私は研究室で彼らと話をするのが大好きでした。彼らは青年時代に民主化を経験した最初の世代だと思うのですが、いつも植民地支配の影響は深く、それをしっかり検証することが自国の文化を問い直すことでもあると強調していました。そして植民地時代との比較によって戦後の政治体制を相対化していました。

考えてみれば、かなり複雑な思考回路にならざるを得なかったはずです。台湾の場合、もともと先住民の世界、つまり国家以前の段階であったところに、オランダが来て、漢人が来て、清朝が支配し、ついで日本が植民地化した。戦後はある意味で国民党支配だったわけですね。近年ようやく国民国家になったと言えるかもしれないけど、複雑な民族問題も抱えている。朝鮮半島の場合はまったく事情が違うけれども、日本に植民地支配され、朝鮮戦争もあって、近代国民国家になるタイミングが遅れただけでなく、南北に分割されてしまった。

先輩たちと話をしながら、自分も含めて日本人学生の政治への無関心さ、現在をつくっている歴史への感度の低さみたいなものに気付かされました。

Q　台湾の場合、民主化の担い手が社区営造の担い手になったと考えられますか？

そうでしょうね。今お話した先輩の場合、学生時代は国民党しかなく、民主化運動が「党外活動」と呼ばれた時代です。

その少し下の1965年前後以降に生まれた学生たちは、民進党（1986年～）と一緒に街頭運動をやった世代です。陳其南氏（1948年～）が社区総体営造という概念と政策を組み立てたのは1994年頃ですね。それがじわじわと広まり、1999年9月の大震災を契機に一気に社会的な力になりました。翌2000年に陳水扁が総統に当選するわけで、その頃の勢いはすごかった。民主化は、地域主義・郷土主義や環境保護などの裾野の広がりがあって、社区営造もそういう連関の中にあったと思います。

社区営造の実質的な担い手は1960～70年くらいに生まれた世代でしょうか。その親は日本植民地末期と戦後の貧しい時代、そして国民党独裁の困難な時代を生き、さらに経済成長を経験した人たちだと思います。その子どもの世代は、そういう歴史の厚みを親から伝えられている。

社区営造については、僕はあまり詳しくないのですが、最近、調査で台湾各地の田舎町を訪ねると、女性たちが元気にがんばっているのが印象的です。地方の男性は大都市か中国に出て働いているので、女性たちが地域の面倒をみている。最近はベトナムや中国から迎えた嫁さんと、その子どもたちも含めて台湾人と捉え直し、地域コミュニティをつくっていくことも台湾のまちづくりの重要な一面です。

あと、文史工作者と呼ばれる人たちも重要で、彼らは日本風に言えば郷土史家だけど、すごく熱心に聞き取り調査をして回るので地域の文化を掘り起こしながら人をつなげる役割も担っている。オーラル・ヒストリーは大事ですね。

Q　2014年春に起きた立法院の占拠に関わった人たちは、どういう人たちでしょうか？

集結したのは学生たちですが、先ほどの民主化運動と同様に、たくさんのグループの合流とみることもできます。グリーンパーティ系、農業系、人権系、反メディア系、反原発系、それに民進党などの野党。例えば、農業系のグループは、政府の規制緩和で台北郊外の田園地帯が別荘地に開発されていく近年の動向に対抗する運動の実績がありましたし、ほかのグループもそれぞれ蓄積があり、学生たちもそういう運動に関わってきていた。

かつての民主化運動との違いは、新自由主義的な傾向に対する抵抗運動の側面があることだと思います。立法院の状況は実際に見てきましたが、学生たちはハード・ソフト両面にわたり占拠の場を実に見事に組織していました。近年は若い層の政治離れが急速に進んでいるという印象があったので、驚きました。

今回の学生たちは1990年前後以降に生まれてますが、民主化運動の世代が1960～70年代生まれ、その父親は1940～50年頃の生まれ、という感じかな。そういう継承関係はあるのではないかと思います。立法院占拠のリーダーの父親は熱烈な党外活動家で、子どもとはいつも激論を交わしながら育ててきたそうです。

アノニマスな都市空間

Q　どうして台湾都市の調査研究をするようになったのですか？

修士論文では明治の建築家・伊東忠太の研究を通して、日本人がアジアを見ることに関わる諸問題を考えました。

そこで気付いたのは、ほとんど全ユーラシア大陸を旅した忠太の足跡の中で、台湾と朝鮮という日本植民地は研究の空白だったということです。そのかわり忠太は、台湾神社と朝鮮神宮を設計して、国家神道を植え付ける仕事をした。私は、博士論文（2000年）では、その植民地の神社を主題として建築史・都市史的に検討しました。この研究は、『植民地神社と帝国日本』（吉川弘文館、2005年）という本になり、歴史学、宗教社会史学、神道研究方面からはそれなりに注目してもらいました。でも、日本の植民地支配のイデオロギーを考えるだけでなく、台湾なら台湾のアノニマスなまちや住居が、植民地支配でどう変わったのかということに取り組まないとダメだと思い、博士論文が終わるとすぐに台湾各地のまちや家々を訪ね歩くようになりました。そして、台湾中部のまち、「彰化」の研究を『彰化一九〇六年　市区改正が都市を動かす』（アセテート、2006年）にまとめたわけです。

最近は植民地期の民家の変容とか、就寝様式みたいな日常的実践の変容もテーマにしています。

Q　例えばこの大渓というまちの都市空間に、台湾の歴史がどう残っているのでしょうか？

台湾のまちは、主に福建南部出身の漢人たちがつくった華南的な都市で、大渓のまちもそうです。町屋の亭子脚の上にある装飾は、バロック的なフォーマットの上に、中国的な要素を取り込んだものですね。

オーナーの家族や商売にまつわる縁起物のモチーフがレリーフになってい

青井 哲人　あおいあきひと

明治大学理工学部建築学科准教授

1970年愛知県生まれ。京都大学工学部建築学科卒。同大学院修士課程修了。同博士課程中退後、神戸芸術工科大学助手、人間環境大学准教授を経て、現職。
著書に、『彰化一九〇六年：市区改正が都市を動かす』（編集出版組織体アセテート）、『植民地神社と帝国日本』（吉川弘文館）、共編著に『明治神宮以前・以後』（鹿島出版会）、共著に『シェアの思想』（LIXIL出版）、『3.11／After―記憶と再生へのプロセス』（LIXIL出版）、『アジア都市建築史』（昭和堂）ほか。

ます（写真１・２）。このまちは樟脳《しょうのう》や茶で繁栄したのですが、つまり台湾海峡、東南アジア海域からグローバルに拡がるネットワークの中で存立したということですね。

実は、もともと平入の町屋が並んでいて、街路に向かって軒が出ていました。それが植民地期の1920年前後に市区改正（都市改造）が行われ、街路が拡幅されます。すると建物の面路部（街路に面した前方の部分）が壊され口が空いたようになり、持ち主はそれを自分で塞がなければなりません。いわばファサードのパッチ（継ぎ布）を当てるわけで、そのとき正面に衝立のように壁を立ち上げ、それを古典建築のペディメント（破風）の形にし、そこにバロック風の装飾を散りばめています。

亭仔脚《ていしきゃく》と呼ばれる面路部の連続歩廊も、パッチを当てるときに、法的に定められた奥行き・高さに従って持ち主がつくっていくのです。ですから、ごく普通のまちにも日本植民地支配はかなり大きな変化をもたらしました。

亭仔脚については、かつての台湾の町屋にも部分的にはあったと思われますが、街路に沿ってずっと通り抜けられるような歩廊が一般的にあったわけではない。植民地支配がはじまる直前、清朝政府が派遣した台湾巡撫の劉銘伝が台北で奥行きの浅い連続歩廊をつくらせていて、その発想はおそらく19世紀初期にシンガポールではじまって次第に北上していったショップハウスの five foot way（奥行き５フィート＝約1.5ｍの連続歩廊）からきている、つまり南洋植民地の都市景観が近代的都市景観として理解され、伝播し、台湾にも導入されたのでしょう。

日本の植民地政府は、これを受け継ぎ、奥行きを倍あるいはそれ以上に拡げた形で法制化しました。台湾は日射は厳しいし、雨期の雨は文字どおりバケツをひっくり返したように眼前が見通せないほどの激しさですから、亭仔脚があると本当に助かります。

写真１　大渓（桃園市）のまち並みと亭仔脚

写真２　大渓の町屋正面ペディメントの装飾

Q　台湾の都市空間にはどういった特徴がありますか？

例えば、日本では建物は土地と切り離されてどんどん建て替えられてきましたが、西欧では建物はいったんできると土地と一体化して、インフラや地形に近いものになります。

台湾は、どちらかといえば後者に近い。台湾でも、法的には日本と同様で、土地と建物は別々に登記されますが、実質的には一体化して、それなりに時間に耐えるものとして残る。台湾での建物躯体の扱いは、日本よりよほどラフです。いろいろ手を加えて、増築したり、内装をがらりと変えたりといったことを、素人でも割に気楽にやる。

このラフさは、建物の商品性とか私

有性みたいなものから解放された、おおらかな強さを建物が示しているということなんじゃないかと思うんです。

別の言い方をすれば、いくぶん荒々しい建物躯体があって、二次的な造作みたいなものがそこにアダプトするという階層性が、つねに前提されているのです。

日本の場合、土地と建物の間にその分割線が入っています。「上物」なんて言葉があるくらいですから。

空間を「バッチする力」

Q　市区改正で切り取られた建物の断面がパッチされる、といったことと何か関係があるでしょうか？

関係あるはずです。土地があり、建物や造作がある、そういう物的な環境のありようが、所有関係の観念や制度と絡んで、時間軸の中でどう振る舞うのか、ということを僕の研究室ではいつも観察します。現在の状態だけをみるのではなく、時間の流れの中で、どこが変わり、どこが維持されるか、そのパタンを掴む方法が重要です。

今たまたま見えている状態は、持続と変化のパタンが展開・進行していくプロセスの一断面に過ぎない。その観点で見たときに台湾のまち、日本のまち、さらには西欧のまちはどう見えるか。災害や戦争のあとをみる、都市の移転をみる、建て替えや再開発や相続をみる、といったさまざまな方法で比較を試みています。

それで、台湾と日本を比較するとき、文化的な差異が重要なのは当然ですが、一方でやっぱり無視できないと思うのは、日本はかりそめにも自力で近代化を果たし、台湾は植民地支配された、その間の差異です。日本は明治の市区改正のとき、財政的な限界の中、土地は補償する一方で建物はほとんど無価値なものとみなし、土地優位の考え方を実質的に宣言しました。そうすることで建物の建て替えを促し、土地売買を促し、都市を流動化させた。

しかし植民地下の台湾では、土地への補償さえする必要がなく、政府は建物を取り除くだけで都市を切り裂くように道路をつくれた。だから街区の内側には昔からの華南都市の魅力が残され、台湾人は建物を全部壊すことなしにパッチを当てたり、造作を変えたり増築したりするトレーニングを積んできた。土地区画整理って、土地と建物を切り離しておいて、土地を面的にシャッフルし、そのうえに建物を配り直す、という方式ですよね。日本ではこれが都市改造の武器になったけど、台湾ではそんなややこしいことをする必要がなかったのです。

台湾にかぎらずアジアのおもしろさって、その背後に植民地支配という負の歴史があるという視点も重要なんじゃないかと思いますね。歴史の経路依存性という言葉がありますが、それ以前に起こったことがのちに起こることを決めていく。あるいは学習理論的に、ある学習が強化されて歴史の経路が決まっていく、そういうことも考えざるを得ません。

Q　空間を「パッチする力」が台湾の都市空間をつくる力なのかもしれませんが、その力の源泉にあるものは何でしょうか？

いろいろな答え方がありそうですが、例えば台湾は家業型経済が根強く、町屋という都市建築の単位が比較的壊れにくいということがひとつ。

そして家族が男子均等相続で資産継承をしていくので、親はつねに資産を最大化したいという欲望が働き、都市が町屋という単位のまま最大限稠密化する傾向がある、という事情があります。

日本の家は、隣地との間を少し開けるので、敷地の真ん中にオブジェクトを置く感じになりますね。台湾では、隣地と壁を共有して空間資産を最大化する。こういうことが建物の型と配列を安定させている。

台湾都市では、家を一軒壊しても、隣地と共有される壁は残る（写真３）。界壁は、自分のものであり、隣の人のものでもあるので壊せないのですね。だから次に起こる建築行為は、日本のように自由にオブジェクトを置くことではなく、二枚の壁と地面に囲まれた谷間に床や屋根をつくったりすることです。これはもう「都市に造作を施す」ようなことですよね。床を増やしたければ、界壁を積み増すこともできますが（写真４）、やっぱり基本構造は変わりませんね。ここからわかるのは、すべてがそっくり変わってしまうような流動性・柔軟性ではなく、変わらないものがあって変化のガイドになっているということの重要性です。都市空間の変化にある程度決まったパターンがあり、その同じパターンをみなが欲望すること、それが台湾のまちのダイナミズムと持続性を共存させているのではないでしょうか。

そういう意味では、台湾都市は日本と西欧の間に位置付くかもしれません。

写真３　鹿港（彰化県）の町屋の解体現場

写真４　鹿港（彰化県）の町屋の痕跡と壁の積み増し

（聞き手：薬袋、内田、鄭、饗庭）

ダイアローグ4

D.I.Y.アーバニズム

山代 悟さん：ビルディングランドスケープ共同主宰

D.I.Y.アーバニズム

Q　山代さんが提唱されているD.I.Y.アーバニズムについて聞かせてください。

2008年から「City Switch」という活動をスタートし、これまで出雲、ニューカッスル、清水港、大連などでワークショップを中心としたアーバンデザインを学び実践する活動を展開してきました。提案対象となる国や都市の人々だけでなく、異なる国や都市の人々と一緒に考える中で都市再生における知識や経験を交換することを大切にしています。

「City Switch」では、アイデアを議論し、文章やダイアグラム、模型、パースといった手段で表現するだけでなく、即席のインスタレーションをつくり上げることで提案の内容や価値をともに体験できるようにすることや、提案範囲が大きいものや時間の変遷をテーマにするものなど、インスタレーションで表現することの困難なアイデアの場合はビデオ映像をつくってアイデアを表現するなど、手を動かしながらアイデアをもとにしたラピッドプロトタイピンングをしてみることを重視しています。そのようなプロジェクトの進め方をどのような言葉で表現していいのか試行錯誤してきましたが、最近はそういったアプローチを「D. I. Y. アーバニズム」と呼べるのではないかと考えています。

2010年のワークショップでは出雲大社の参道・神門通りにある空き家になっていた町屋をまちづくりセンターに再生する提案をしました。日本のいくつかの大学から集まってきた学生と、オーストラリアのシドニー工科大学で学ぶ学生が混成でチームをつくり提案を考えてくれたのですが、アイデアを考えるだけでなく、布をミシンで縫ってバナーをつくって取り付け、即席の照明も施すことで、提案が実現すればに実際の通りにどのような風景が生まれるのか、効果的にプレゼンテーションしてくれました。

そして、その提案に興味を持った出雲市担当部局の方から、同じ通りにある別の既存建物をリノベーションしてオープンさせる観光交流施設（現・神門通りおもてなしステーション）をデザインするワークショップと設計を依頼されました。この施設のシンボリックな存在となる観光情報のパンプレットや地図をディスプレイする棚のデザインを中心に、ワークショップを行うこととしました（写真１～５）。

棚のデザインは建築家の木内俊克さんに入っていただき、試作品を見てもらいながら棚の形状や使い勝手などについてワークショップを行いました。ただし、ワークショップを通じて出てきたさまざまな意見やアイデアを加算的に詰め込むわけではなく、多様な要求をデザイナーの責任でひとつの作品としてまとめてもらうということにはこだわりました。また、事前のワークショップだけで終わらせず、レーザーカッターによって部品をつくったあと、まちの人々や施設の運営を行う人々と一緒にそれを組み立てるワークショップを行いました。デザインする際にできるだけネジや釘といった組み立てに技量が必要となるものを使わないジョイントを工夫してもらい、女性や子どもなど大工作業に慣れてない人

写真1　神門通り
おもてなしステーション外観

写真２　ステーション内部。
ワンルームの空間の使い方を
ワークショップで議論。

写真３　窓際のパンフレット棚を
D.I.Y.で製作

でも参加できるようにしました。

このケースのように、費用や時間をかけずに手づくり可能な範囲で実際に手を動かす機会をつくることで提案への共感を生み出し、さらにはプロジェクトの一部に参加してもらうことでニーズを取り込んだり、参加の意識を育てるプロセスには大きな可能性があり、これは文字通りの「D.I.Y.」(Do It Yourself)だと言えると思います。

スケールの大きな提案をする場合や、時間のかかる体験をプレゼンテーションするときには、実際にインスタレーションをつくって体験をしてもらうということができません。そのような場合にはビデオ映像をつくることもあります。出雲には一畑電車(いちばたでんしゃ)という私鉄があるのですが、サイクルトレインになっていて、自転車を車内に折り畳んだりせずに持ち込めるのです。出雲は観光上の見所も広い範囲に点在しているので、徒歩だけで見て歩くのは困難です。一方で電車の駅もそれほど多くはありませんし、便数も少ないので、電車だけで観光をするのも難しい。そこで電車と自転車を組み合わせて、ゆっくり出雲を観光してもらおうという提案「スローツーリズモ Slow Tour Izumo」という映像をワークショップでつくりました。学生のカップルが出雲を電車と自転車で旅しながらいろいろな風景を見に行くストーリーに仕立てたもので、

写真4　ワークショップで議論

写真5　議論を経てできあがったものを組み立てるワークショップを通じて、愛着を育てる

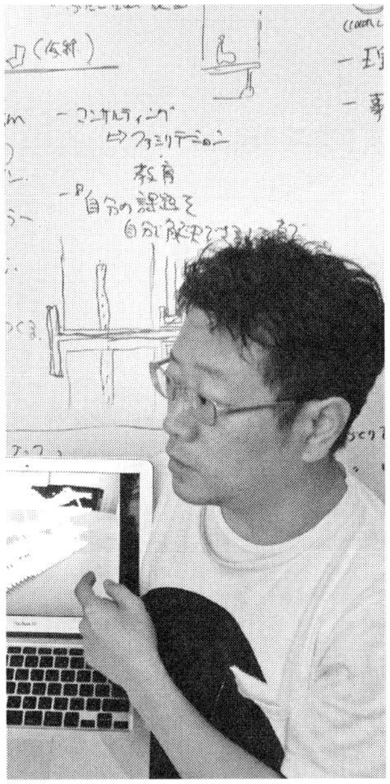

山代 悟　やましろさとる

建築家、博士(工学)

1969年島根県生まれ。東京大学工学部建築学科卒業、同大学大学院修士課程修了。槇総合計画事務所(1995〜2002年)を経て、ビルディングランドスケープ設立。共同主宰(2002年〜)。
2002〜2009年東京大学大学院工学系研究科建築学専攻 助手、助教。現在、大連理工大学建築与芸術学院 客員教授、日本女子大学、東京理科大学、東京電機大学 非常勤講師。

映像の中に施設整備のイメージも折り込んでいます。

ひと昔前だと、映像を作るためには専門知識と多くの機材が必要で、お金も時間もかかりましたが、今では学生が持っているデジカメで撮影し、パソコンで編集して、パッと、1週間ぐらいのワークショップの期間中にプロダクトアウトすることができます。これをＤ．Ｉ．Ｙ．と呼ぶか迷うところですが、完成したプロダクトが完成する前に、パッと試作してイメージを共有できる効果は大きいものでした。できあがったビデオを電鉄会社の方に見ていただいたことで、翌年には実際にツアーを実施してもらったり、ワークショップを通じて無人駅の改修を行ったりしました（写真６・７）。

写真６　無人駅をD.I.Y.で改修する

写真７　閉鎖的だった無人駅が、田んぼの広がりを感じられる明るい空間に生まれ変わった

また、いわゆる「もの」としてのＤ．Ｉ．Ｙ．だけじゃなくて、制度やサービス的なものＤ．Ｉ．Ｙ．も大事だと考えています。今若い人がカフェを作るケースが増えていますよね。あれは、カフェという飲食店の営業でもあるけど、小さな公共空間を自分で作りたいということの現れではないでしょうか。City Switch出雲でも計画のお手伝いをしましたが、木綿街道という通りにあった空き家をほぼセルフビルドでカフェに改修して、今年の春から運用を始めました。単に「喫茶店を経営してるだけでしょ」っていうことではなく、自分でそういう公共空間をつくり上げてみたいと考えている人たちが増えているというのは心強いことです。

Ｄ．Ｉ．Ｙ．アーバニズムという言葉はわれわれの造語ではありません。2013年にシドニーで開催された参加型都市デザインのシンポジウム（CROWDSHARE SYDNEY SALON）に参加したのですが、その場でも何回かＤ．Ｉ．Ｙ．という言葉が出ていました。Ｄ．Ｉ．Ｙ．というと日曜大工のイメージが強いのですが、元をただせば第二次世界大戦後にロンドンで、自分たちの手で、都市を復興しようというときにスローガンとして使われた言葉です。このような歴史的な文脈を考えても、現代において都市や都市生活を、もう一回自分たちで再定義しようというときに、Ｄ．Ｉ．Ｙ．という言葉を用いるのは意義深いと考えています。

Ｄ．Ｉ．Ｙ．を都市デザインにおいて考える際には、実際に使用するモノを手づくりするということと、先ほどからお話ししているようなアイデアや価値を共有するための仮設的な状況を素早く設えるという二つの意味があると思います。両方大切なことですが、私は、たとえ数日や数年の短い期間であっても、仮設的な空間を作ることで、より大きな都市の将来像を創り出すときの「実験」とし、少しずつ修正しながらやっていくことに興味があります。仮説的なアイデアを仮設環境で示し、それがひとつのきっかけになって、恒久的なものに関わっていくという流れです。「壁のデザインが寂しいからD. I. Y. で直しましょう」というのも大切ですが、自分の作り出したい場所の使われ方をイメージできるような簡単な設えから作り始めることで将来像につながるものを僕はやりたいと考えています。

参加の余地をつくる

Q　私たちは韓国や台湾でアマチュアによる都市デザインの取り組みを見てきました。D.I.Y.アーバニズムはアマチュアのデザインを重視するということですか？

　写真で見せていただいた韓国や台湾の事例は、いわゆるハイデザインではないですよね。自分が建築家として関わるのであれば、専門家もアマチュアも含めて、いろいろないいものも変なものも含めてバラバラにならぶことでかえって美しく見えてくる、そんな引き立つフレームみたいなのを作るのが仕事だと思っています。参加の「余地」を作ることですね。ある種のフレームがあることで、全体としてはある種の美しさや驚きができるのだと思います。出雲の神門通りおもてなしステーションもまさにそうです。

　D. I. Y. と言うと「お父さんの日曜大工」的な素人の技術でできる素朴なものをイメージしやすいのですが、そこにレーザーカッターのような新しい技術を組み合わせると、予想以上のものができます。参加者も驚くわけです。自分だけでなく、プロ、あるいは、アイデアのある人と一緒にやると、「こんなすごいもの、組み立てちゃった」とか、「考えちゃった」という驚きや喜びがあると思います。そういった感動を生み出すことで、人々にプロセスに入ってもらうか、いろんな方法があると思うし、デザインの余地は大きいと考えています。

Q　D.I.Y.アーバニズムを巡る世界的な潮流があるのでしょうか？

　City Switchを一緒に始めたジョアン・ジャコビッチさんも実践している「デザイン・シンキング」＝デザイン思考」という考え方があります。デザイナーがモノをデザインする際に取る方法論を、企業経営や社内の議論や、新商品開発にも活用しましょうという動きです。モノや人の行動を観察して、わかったことを議論して、仮説を作り、スピーディな試作を通してアイデアを確かめ、共有し、効果的にプレゼンテーションする方法を工夫する。プレゼンテーションも、例えば寸劇を使ったりしながら、より効果的に気持ちや価値を表現する、そういう方法論です。世界的なデザイン会社ＩＤＥＯを率いるトム・ケリーが主導するスタンフォード大学のＤスクールが有名で、ジョアン・ジャコビッチさんが設立に関わったシドニー工科大学のｕ．ｌａｂという組織もこれを参照しています。「デザイン思考」イコール「D. I. Y.」ではないのですが、その中には「ラピッド・プロトタイピング」という、ありあわせの材料でパッと物やことを作ってみて確かめるといったアプローチは共通する部分が多く、僕はこういう動きから勉強できることがいっぱいあると思っています（写真８・９）。

D.I.Y.とまちづくり

Q　日本とアジア、アジアと欧米ではD.I.Y.の「力」に違いがあったりしますか？

僕はあまり国による差はよくわからないというか、むしろ似ていると感じることの方が多いですね。

中国は土地も国有化されていますし、開発の許可は地方政府がコントロールしているので、建築のつくられ方やまちのつくられ方が日本とは大きく異なります。基本的には大型開発しかなく、デベロッパーが政府と協議しながらつくるので、市民参加なんて起きないわけです。しかし、そんな中でも、例えば開発中の工事の仮囲いの外側に仮設の飲食店街ができて、数年間小商いをやっていたりするわけです。あるいは、計画の狭間みたいな変な場所に、毎日市場が開かれたりとか、自動車教習所になっていたりということもある。さらに一度建物ができあがってしまうと、彼らには建物に対して土木的な構造物みたいなイメージがあるようで、内装はもちろんですが、時には外装も含めてどんどん変えていきます。大学でも壁をハンマーみたいなので、ガーン、ガーンって壊していて、翌日になったら窓ができているといったことはよくあることです。そういう意味では、都市を使い倒す力は日本よりもずっと強く、D. I. Y. 的な力は相当強いと思います。

ヨーロッパでもグラフィティ（落書き）を見ていると、公共空間に、個人を刻印したいみたいなことはやはりあるのかなと思います。ボトムアップ型の活動しているところに行くと、必ずグラフィティがありますね。以前ウイーンや、スロベニアのマリボルやリュブリャナなどの、ボトムアップ型の施設をインタビューして歩いたことがありますが、必ず、グラフィティとセットになっています。

ライプツィヒという旧東ドイツの都市での体験は本当におもしろいものでした。そこでは空き地を都市農園にして開放するという活動をやっている人がいます。ライプツィヒはドイツの中でも古くからクラインガルテン（農地の賃借制度）が盛んだったところだそうです。空き地を一時的に借りて農園にする都合上、普通に野菜を植えてしまうと移動してくださいって言われ

写真８　レーザーカッターなどの技術と組み合わせることで、D.I.Y.でも複雑な加工が可能に

写真９　レーザーカッターで切り出したベニアを組み合わせてインスタレーションをつくる

たときに困ってしまうので、木箱に土を入れて植えて、いざとなったら動かせるようにしてあります（写真10）。もっと雑に、土嚢《どのう》に土を入れて植えてたりもしています（写真11）。また空き家再生をサポートする組織があり、D. I. Y. の技術的なサポートや、道具の貸し出し、登記の手伝いをするといったサポートがあるようです。

サービスのD. I. Y. という意味でおもしろかったのは、例えば、仕事を探している女性が、小さい子どもがいると求職活動すらできないので、お母さんたちが集まり、そこにドイツ語を勉強したい外国人が手伝いに入り、交代で子どもの世話をして、残りの人がインターネットなどを使いながら求職活動をする仕組みがあったことです。行政がサポートしてくれればいいのかもしれないですが、間に合わないので互助組織で自分たちでやってしまうところがおもしろいです。

まちで出る廃材を利用して、子どもたちが自分たちでつくるプレイパークも見学しました（写真12）。廃材から釘などをていねいに抜き取り、高学年の子どもが低学年の子どもを指導しながら、自分たちで組み立てるのです。もちろん大人もサポートしますが、手伝いにとどめます。ここは数人のグループがボランタリーに運営している広場の方の場所ですが、生活保護を受けながら場所の運営に当たっているメンバーもいました。

だから、D. I. Y. は別にアジア型とも思っておらず、ヨーロッパも含めて同時代的に起きていることだと思います。

今までのまちづくりは、大きい計画の中にどう市民の意見を取り入れていこうかとか、参加意識を持ってもらおうかみたいな「トップダウン型」と、まちの人が勝手にやる「ボトムアップ型」があったと思うのですが、D. I. Y. アーバニズムという手法は両方に使えると思います。トップダウン型のときにもD. I. Y. 型のアプローチを使うことは大事で、そのときに、その場の問題を解決するだけではなくて、これをやったら、次に何をやるのかっていうビジョンにつながることが重要なことだと思います。

（聞き手：鄭、内田、饗庭）

写真10　空き地を転々とする移動式農園

写真11　布袋に植わった野菜は
引越しさせることができる

写真12　子どもたちが自分たちで
つくり上げるプレイパーク

解説

韓国・台湾での事例が なぜ「違って」見えるのか？

第２章のデザインカタログで紹介したような、韓国・台湾での「自分にあわせてまちを変えてみる」事例が、日本から見るとちょっと変わって見えるのはどうしてなのだろうか。その背景には何が隠されているのかということを探ってみたのが本章の専門家との４つのダイアローグである。専門家のみなさんには「自分にあわせてまちを変えてみる」事例の意味を問いかけてみた。

４つのダイアローグからは、「違い」の意味を解析するためのヒントとして、「街のハートウェアのパーソナル化」「工夫と修繕」「パッチする力」「Ｄ．Ｉ．Ｙ．アーバニズム」というキーワードが得られた。

そこで、これらのキーワードをもとに「違い」を考えるための３つのポイントを整理してみた。１点目は「都市のカスタマイズの形態」、２点目は「都市内での承認欲求」、そして３点目は「カスタマイズを支える設計技術」である。これらのポイントから、韓国・台湾と日本のまちづくりの「違い」とその意味を考えてみよう。

ポイント１
都市のカスタマイズの形態

都市のカスタマイズとは、都市を自分にあわせて変えてみて、主体的に使うことである。ダイアローグの中では、日本における事例として都営団地におけるオープンスペースの活用（石川）や、銀座における「工夫と修繕」（加藤）のような例が出てきた。ただし、その形態は韓国・台湾と異なる。

その違いを考えるヒントは、加藤の「『工夫と修繕』には機能的なものと、装飾的なものとの違いがある」という指摘の中にある。どこの国であろうと何かしらのまちのカスタマイズを生活の中で実践しているが、韓国・台湾の事例では、「都市の手づくりデザイン」（カタログ❶）のように、機能的なカスタマイズが求められるようなところに純粋に装飾的なカスタマイズが配されているというズレがある。「なぜこれがこんなところに？」という韓国や台湾のケースに見られる不思議さや興味深さは、機能と装飾という種類の異なるカスタマイズが出没するときの感覚のズレによって生み出されているのではないだろうか。

次に、必要に迫られた機能的カスタマイズに見られる違いを比較してみよう。青井は、台湾での建築躯体に対する機能的なカスタマイズ＝「パッチ」における「ラフさ」と、「二次的な造作」を乗せていく「階層性」を指摘している。韓国・台湾と日本との違いは、このラフさの存在が大きい。「ラフさ」という言葉には雑といったネガティブなニュアンスだけでなく、「気軽に、そのときの状況に合わせる」というポジティブなニュアンスも含まれている。

青井はその背景に台湾の植民地化の影響があることを指摘している。植民地化の過程で切り取られた都市をカスタマイズしてきた経験が、今日の都市のカスタマイズに影響を与えてきたのである。つまり、機能的なカスタマイズは装飾的なそれとは異なり、状況適応力なのだ。それが青井の言う「歴史の経路依存性」を左右してきたのではないだろうか。

ポイント２
都市内での承認欲求

加藤からは、都市のカスタマイズが発揮されるきっかけとして、「都市内での承認欲求」がある、という指摘があった。承認欲求とは、「見せたい欲」であり、それを受け止める側にも「見たい欲」があるとの指摘である。これは、石川が示したクリスマスに「浮かれ電飾」を飾り付けるような日本でも共通した欲求であり、石川は、そこに共通する思いは「個人の表現に対する渇望」であるとしている。

なるほど、「承認欲求」とは人間の持つ欲求の一つであり、それは日本にも共通するところであろう。ただ、その表現の方法、つまり都市のカスタマイズの形態が異なるのは、多分に個人の承認欲求の強さが韓国・台湾と日本では異なるからである。それを反映して、そういった個人化した表現を認めてあげようという社会的な包容力が韓国・台湾の方が大きく、そのことがまた、自己表現の大胆さを許容しているのである。加藤はその点に関して、「プライベートとパブリックの間のゾーンを遊び倒すことを考えた度量」であり

「まちの余裕」ではないかと指摘している。

ポイント３
カスタマイズを支える設計技術

一方で、まちはみんながいるところなのだから、カスタマイズを支える設計技術を高めていくことが専門家としては必要な技術である。専門家の介在なしに、個人の承認欲求にまかせて都市を無制限に表現の場としていくのは現実的ではないし、専門家がある程度カスタマイズのための余裕空間を準備することで、より効果的に「変えてみる」ことができるのではないだろうか。山代は建築家としての立場から、「D．I．Y．アーバニズム」というキーワードでカスタマイズを支える設計技術の必要性を指摘している。山代はまた、中国での、設計者が意図していなかったところで人々が「都市を使い倒している」現象に言及する。そういった現象は、建築家が人々に対して「自分にあわせてまちを変えてみる」ための土台をどのように提供できるかが試されているとも捉えられる。そしてそのときに必要となる建築家の役割を、山代は「参加の『余地』を作る」、もしくはカスタマイズのための「フレームみたいなものを作る」と表現している。

石川は、カスタマイズの余地を捉えるキーワードをまちのハードウェアのパーソナル化における「解像度」と表現している。それは専門家が手を出せるレベルにはない、ミクロな部分でカスタマイズが発揮されることを意味している。本来の設計意図と、それとは異なる解像度をもった「部分」でのカスタマイズ、この二つの組み合わせを支える設計技術が「自分にあわせてまちを変えてみる力」を発揮させるうえで重要である。この設計技術がこれから発展すれば、デザインとしてのおもしろさだけでなく、個人の都市空間への責任意識や都市への帰属意識にまでつながっていくのだろう。

つまりは、このように整理していくと、まず「都市のカスタマイズの形態」としては、その装飾的役割の強さと、状況適応力としての機能的カスタマイズという特徴が第２章の事例にはあったと言える。これは日本と「違う」特徴である。

次に、「都市内の承認欲求」としては、その欲求による個人化した表現を受け止めるまちの許容度の高さがあった。これは「違う」を生み出す背景と言える。

また、これらのカスタマイズを支える存在が設計技術であり、これは「違い」をつくるための基盤として存在し、これからのまちづくりを「違う」ものとしていく可能性があった。

都市内での承認欲求が都市のカスタマイズの背景にある中で、「自分にあわせてまちを変えてみる」という力は、専門家の技術力によって支援されながらも専門家だけでは解決できない部分を新たな「解像度」の細かさをもって担っていく、大きなうねりだと理解できる。日本のこれからを考えるうえでは、ある範囲の空間での個人化をある程度許容しながら、公共性を帯びたまちのデザインとつなげていくことが、まちを変えてみる力へとつながっていくのではないか。そのようなことを韓国・台湾の事例における「違い」は教えてくれている。それが４人とのダイアローグから発見したことだった。

「自分にあわせてまちを変えてみる力」の意味を考える

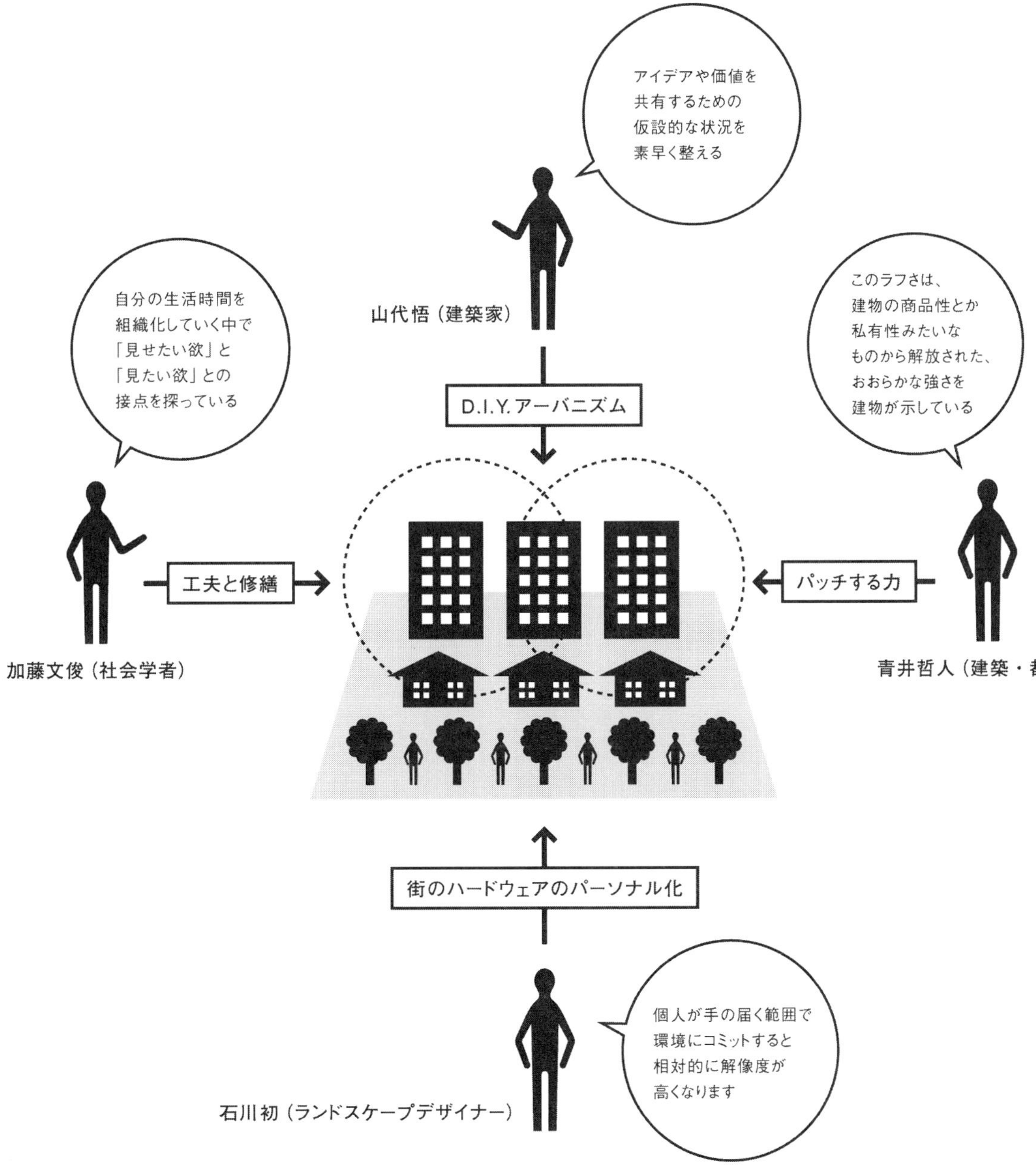

アイデアや価値を
共有するための
仮設的な状況を
素早く整える
山代悟（建築家）
D.I.Y.アーバニズム
自分の生活時間を
組織化していく中で
「見せたい欲」と
「見たい欲」との
接点を探っている
加藤文俊（社会学者）
工夫と修繕
このラフさは、
建物の商品性とか
私有性みたいな
ものから解放された、
おおらかな強さを
建物が示している
青井哲人（建築・都市史）
パッチする力
街のハードウェアのパーソナル化
個人が手の届く範囲で
環境にコミットすると
相対的に解像度が
高くなります
石川初（ランドスケープデザイナー）

第4章

マウル・マンドゥルギ、
社区総体営造、
そして日本のまちづくりの歴史

1

なぜ「自分にあわせてまちを変えてみる力」が マウル・マンドゥルギと社区総体営造の中で発展したか

「自分にあわせてまちを変えてみる力」が発揮された取り組みが、なぜ「マウル・マンドゥルギ」と「社区総体営造」として、韓国と台湾の中で発展してきたのだろうか。この章では、日本の「まちづくり」とも相対化しながら、その背景を探っていきたい。

「自分にあわせてまちを変えてみる力」は、誰でも持っている力、韓国や台湾や日本に限らず、どこでも誰でも持っている力である。つまり、こういった取り組みはどこにでも起こり得るものであるが、韓国や台湾や日本が特筆されるのは、こうした「自分にあわせてまちを変えてみる力」で身のまわりの空間と制度を小さくつくり変えてしまうこと —これを第１章では「小さな民主化」と呼んだ— が、それぞれマウル・マンドゥルギ、社区総体営造、まちづくりと名付けられ、社会の中で意識的に育てられ、あちこちに広がっている、ということだ。

こういった状況はどのように生まれ、広がってきたのだろうか。

以下では、韓国、台湾、日本の順に、それぞれのマウル・マンドゥルギ、社区総体営造、まちづくりの定義と、それぞれの社会の特徴をまとめたうえで、マウル・マンドゥルギ、社区総体営造、まちづくりの展開を中心とした３つの国の歴史を整理していく。

また、歴史を理解するうえで共通する重要なキーワードについては各所にその解説を示し、章末には３つの国の戦後から現在までのその歴史を年表にまとめる。

2

韓国のマウル・マンドゥルギ略史

マウル・マンドゥルギの定義

マウル・マンドゥルギのマウルは「まち」を指し、マンドゥルギは「づくり」を指しており、日本での「まちづくり」をそのまま訳したとされる。

しかし、まちづくりとは微妙に定義が異なる。韓国のマウル・マンドゥルギ研究者による定義をいくつかあげてみる。

- 「生活環境の問題を住民たちが一緒に解決することを通して、まちの環境改善や住民共同体の復元を同時に図る住民活動」(鄭石、1999年)
- 「利害、宗教、国籍、文化などを共有する共同社会や共同体、大きい社会の中での共同の特徴をもつ集団又は社会、一つの地域に住む人々が、自分たちの生活を維持し、便利でより人間らしく生活していくために共同の場をつくっていく方式」(李明圭、2007年)

このように、活動や取り組みの目的にも、主体にも、「共同体」が必ず含まれていることがわかる。まちづくりセンターの名にも「共同体支援センター」がよく使われるほどなので、いかにまちを共同体として意識する民族であるかが読み取れる。現在は定義の範囲が広がり、都市デザインをはじめ、社会、経済、文化など生活全般のことを指すようになっているものの、ボトムアップ型によりフォーカスしている。さまざまな場面で使われるようになっている日本のまちづくりに比べると狭い意味で用いられる。

目的を共有するコミュニティと韓国の社会

韓国は、台湾と違い比較的民族が均質的であるが、逆に同じ民族が北朝鮮と大韓民国という２つの国に引き裂かれているということが、韓国の国としての運営を難しくさせている。朝鮮戦争で北から攻め込まれる経験をした高齢者は、その際に韓国を支援したアメリカに好意を持っており、韓国の民主化がアメリカによって達成されたと考える。一方で、若い世代は民族の統一が重要であると考え、アメリカは韓国の民主化の過程において祖国を南北に引き裂いた存在であると考える。この世代間対立の溝は深く、イデオロギー対立、地域対立も同時に生み出している。結果的にこのことは、大統領制を採用しているにもかかわらず、韓国の国としての政策の策定・実施能力を下げさせ、社会的弱者に福祉政策が十分に行き渡らないなどの課題をつねに内包する状況を生み出す。北朝鮮とアメリカとの関係に韓国はつねに悩み揺れてきた。

韓国の社会は、将来について同じ考えを持っていたり、現状に課題を感じている人たちが集まってグループを作ることで、単なる個人の集まり以上の大きなパワーを生み出し、それが社会を動かす原動力となる特徴がある。地縁や血縁でつながっているコミュニティと違い、活動の目的や思想を共有してつながっているコミュニティが、韓国の社会を変化させる過程において重要な役割を担ってきた。

韓国では、このように目的を共有するコミュニティが先導する社会は政党の活動にも現れている。したがって、韓国の政策には政党が大きな影響を持つが、目的の共有にこだわり過ぎるせいか、政党の分離、統合、解散がめまぐるしい。一方で、市民の目線からまちづくりを進めようとする「マウル・マンドゥルギ」は、非営利の市民グループ（ＮＧＯ）が主導的な役割を果たしている。政党と市民グループの主張がぶつかり合うことも多く、このぶつかりが一定の地域を越えて広がると、運動になる。韓国では運動が社会の潮流を変える出来事となることが多い。

韓国の民主化も、国民の民主化運動を背景に、議席数を増やした野党による憲法改正という穏便な形で進められた。軍部政権の時代にはクーデターや大統領暗殺などの暗い事件が相次いだが、正当な手続きで民主化が達成できたのは、運動の社会化という側面もある。しかし、民主化時に重要な役割を果たした野党の分裂により、民主化後の最初の政権を与党が握ることとなり、民主化が結果的に遅れることとなったのも韓国の特徴である。

独裁政権と市民運動

韓国は、1945年の終戦から３年後の1948年にようやく大韓民国としての独立を果たす。しかし、まだ大韓民国としての体制も整わない1950年に朝鮮戦争が勃発し、北朝鮮がソウル市の中央を流れる漢江を越えて南側まで攻め込んでくるという事態に陥る。このような北朝鮮から攻め込まれるかもしれないという恐怖感が、その後の韓国の軍事独裁政権を生み出す背景となっている。したがって、韓国でも台湾と同様に長らく独裁軍事政権が続いたものの、内政に対するコントロールよりも外圧への対応が何よりも重要であった。このため軍事政権を執る政党と民主化を進めたい政党との政治的な駆け引きにより、一部の政策には民主的な要素が比較的早い段階から組み込まれていた。また、行き過ぎた独裁政権に対しては、学生のグループによる学生運動が何度も繰り返され、これが独裁に対するある種の抑止力にもなった。

そもそも韓国は日本と異なり、権力

が一人に集中する大統領という仕組みを採用している。そのために、どうしても国の政治が大統領という強力な権限に一点集中したかたちになりがちである。市民運動は市民目線で政治の行き過ぎに対するブレーキとしての役割を担っていたと言えよう。

農民運動、都市貧民運動、セマウル運動と民主化

マウル・マンドゥルギの発展につながる３つの出来事として、「農民運動（1960～1970年代初期）、「都市貧民運動」（1960年代末～）、「セマウル運動」（1970年代～）、「民主化運動（1970～1980年代）が挙げられる[注1]。

困窮する農民生活を支援しようと、当時多くの知識層が集まっていた農村では「農民運動」が1960年代から全国あちこちで起きた。とくに、原州という農村ではカトリック教会や民主運動家たちが中心となって、困窮克服や水害復旧のための組合を結成したり、共同で農機具を買い求めるなどの活動が活発に起き、近隣の村までわたる組合に広がった[注2]。しかし、独裁政権による厳しい監視、農村から都市への人口集中などにより、その拡大は止まってしまう。

「都市貧民運動」は、1960年代末から単発的に起きていたが、1970年代から1980年代になると、行政がトップダウンにより都市部を再開発し、戦後の混乱期に形成された貧民住宅を撤去しようとする動きに対する反対運動へと拡大していった。1971年の光州大団地事件、1975年の松亭島、清渓川撤去民によるデモなどが代表的な運動である。また、ソウルオリンピック期にはその動きが拡大し、1987年には「ソウル市撤去民協議会」と呼ばれる撤去された側が結束する活動に至った。

一方で、1970年代には独裁政権の下で、自助、自立、協同をスローガンとした生活改善事業として、「マウルカックギ（村飾り）運動」（のちに「セマウル（新しい村）運動」）が始められた。この運動は、1950年代の地域社会開発事業、1960年代の試験農村建設事業の延長に行われたものである。こうした運動はそれ以前から単発的に起き始めていた農民運動の動きとうまく合わさり、住民自治組織の手による生活改善運動を通じて住民の生活環境を改善し、自立を促した。しかしその反面、「自立」とは名ばかりで、環境整備の成果主義となり、トップダウン的に強制的に行われたものも少なくなかった。

市民生活を無視した独裁政策に対する反発は政党内でも生まれ、政府は政党間の内紛や暗殺といった内輪揉めのような様相を呈するようになる。こうした状況の中、市民の軍事政権に対する反発は全国的な市民運動へと拡大し、1987年の民主化へつながっていく。その背景には民主化を推進する複数の政党の働きがあり、市民グループの運動と政治グループの運動が重なったタイミングに民主化が実現されたのである。結果的に韓国と後述する台湾は同時代に民主化という道を辿ることとなった。

ちなみに、1970年代からのセマウル運動は日本植民時代の農村振興運動

（新しい村づくり）をモデルとし、それをそのまま翻訳して使ったとされる[注3)]。反面、1990年代からはじまるマウル・マンドゥルギはマウル・カックギ運動と異なる特性を示すため、同じカックギではなく、言葉としてはもの「づくり」を意味するマンドゥルギとの造語であるマウル・マンドゥルギが名付けられた点は興味深い[注4)]。

マウル・マンドゥルギの発展

1990年代になると、民主化の浸透に伴いマウル・マンドゥルギがさまざまな形で展開してゆく。例えば、朝鮮王朝時代の伝統的な住宅（韓屋：ハンオク）が残されており、現在は骨董品やギャラリー、カフェなどで、お洒落な観光地としてにぎわうソウルの仁寺洞（インサドン）では、商店街による歩行者のための空間の改善運動や、全国レベルのマウル・マンドゥルギＮＧＯと連携して個性的な店舗を守る運動などが行われた。韓国第二の都市、釜山でも「100万坪市民文化公園運動」のような、市民のための環境保全や改善運動が次々と生まれていった。現在も行われ続けている壁崩しマウル・マンドゥルギの始祖である大邱広域市中区三徳洞の壁崩し事業（カタログ❹）が行われたのも1996年のことある。民主化により研究面での国際交流も活発になり、留学生により欧米や日本などの海外事例が紹介され、先進的な政策がいち早く韓国の政策にも取り込まれるようにもなった。

2000年代になると官民協働のマウル・マンドゥルギとして、1990年代に実現されたコミュニティレベルの環境改善の取り組みが方法として確立していった。壁崩しや一坪公園も、事業化された取り組みの一つであり、それ以外にも遊び場改善や住みよいマウル・マンドゥルギ事業が行われた。さらに、住民によるマウル・マンドゥルギに関する提案制度が法律の条文にも

歴史的なまち並みがいまだに残っているソウルの北村では、
地域住民の参加型マウル・マンドゥルギが1999年より実施されてきた。

位置付けられ、自治体が条例に支えられて独自のマウル・マンドゥルギを行う動きも見られるようになる。

地方自治制度の拡大

マウル・マンドゥルギの発展を支えた自治制度の発展を見てみよう。

1987年の憲法改正に伴う民主化に次いで、1988年に地方自治制度が施行された。これは住民参加によるマウル・マンドゥルギが本格化するきっかけになった。制度的には十分な住民参加を保障するものではなかったが、1990年以降、住民たちが自ら日常生活の環境の問題を解決したり、改善しようとする動きが多くの地域で多様な方法で現われ始めた。1995年に民選の自治体の首長が就任すると、地域社会の改善に関わる事業推進に行政が積極的に協力する形を取るようになり、公共事業の推進過程で、住民説明会、懇談会、住民からの提案など、住民が参加する機会が増えていった。その後も、制度、事業、活動が循環しながら、マウル・マンドゥルギが発展していく。

現在のマウル・マンドゥルギ

2011年には、全国レベルのマウル・マンドゥルギＮＧＯのリーダーである朴元淳（パク・ウォンスン）がソウル市長に就任したことに象徴されるように、マウル・マンドゥルギやまちづくりＮＧＯは、政治の一大勢力として無視できない存在になってきた。

2015年1月までに、マウル・マンドゥルギ条例が87自治体で制定され、2008年オープンした「安山市良いマウル・マンドゥルギ支援センター」をはじめ、マウル・マンドゥルギセンターは19か所で開設されている[注5)]。

2014年には、マウル・マンドゥルギに関わる組織や専門家同士のゆるやかな全国ネットワークである「全国マウル・マンドゥルギネットワーク」や各地のマウル・マンドゥルギセンターなど、マウル・マンドゥルギ経験の豊かな団体や専門家による「社団法人韓国マウル支援センター協議会」が発足し、マウル・マンドゥルギ関連の政策や制度の改善を目的とする議論や、共同研究、人材育成などを行っている。

ただし、現在は市民のマウル・マンドゥルギの取り組みに対し、政府の部署別に異なる支援が行われており、自治体の仕事量が増え、過大な負担と重複が発生していることが多くのマウル・マンドゥルギＮＧＯにより指摘されている。例えば、国土海洋部では「都市再生特別措置法」による都市再生計画および担当部署の設置を義務付けているのに対し、安全行政部では「マウル・マンドゥルギ企業」支援事業や「安全マウル・マンドゥルギ」事業を実施しており、文化庁では「文化財幸福マウル・マンドゥルギ」事業が進められている。そのため、各自治体ではそれぞれが要求するマニュアルに合わせた計画や専門部署をつくらないといけなくなっている。約20年という短いマウル・マンドゥルギの歴史を考えると、各地域での知見が蓄積されているさなかであるにもかかわらず、多様な支援策が無辺際に行われ過ぎることで、その地域ならではのマウル・マンドゥルギが困難になっているとも言える。

また、韓国ではマウル・マンドゥルギが専門家集団であるマウル・マンドゥルギNGOに牽引されてきたことから、やや専門的すぎたり、市民運動よりで市民にわかりづらい側面もある。法律の改正や条例の制定は、制度を用いてマウル・マンドゥルギをいかに市民と結び付けるかという試行錯誤の一つでもあると言えよう。

今後の行方

韓国は多党政治であるがゆえに、不安定な面も否めない。民主化の過程を順調に辿ってきたように見える韓国であるが、2013年に初の女性大統領として就任した朴槿惠（パク・クネ）は、1960年代から1970年代にかけて長期に渡り軍事政権を担ってきた朴正熙（パク・チョンヒ）大統領の娘であり、父親が進めた政策であるセマウル運動の再興や、官民の協働型の仕組みを取り入れた政策を行おうとしているなど、今後の動向が注目されるところである。大統領制であり、政治の振れ幅が大きい韓国社会の中で、NGOや市民団体は安定した第３勢力を担ってきた。

韓国は、大統領、政党、NGOという三角形が微妙なバランスを保ちながら、マウル・マンドゥルギの主役である市民の取り合いをしている。一方で、市民は政治にふりまわされるのはこりごりで、自分たちの力で社会を変えていこうとする。しかし、それに気付いたときにはすでに自分たちの自主的な取り組みが政策に取り込まれているなどしていることもあり、市民はさらに早いスピードで新しいことにチャレンジする。そんな循環が韓国の「自分にあわせてまちを変えてみる力」を生み出しているようにも思える。

2013年９月、水原で開催された第６回 マウル・マンドゥルギ全国大会の様子

歴史を理解する
キーワード1

都 市 化

どのような国であっても、もともとは農村地帯が中心であったが、やがて都市が多くの人々を農村から引き寄せる、という形で都市が拡大する。これが「都市化」である。世界の都市化率は右肩上がりで増え続けており、日本、韓国、台湾の都市化率も著しく増加している。急激な都市化、無計画な都市化は、快適なまちの発展にはならない。交通基盤や上下水道などの都市基盤が十分に整備されず、適切な住宅地を供給する市場が成長しなかったところに急激に人口が流入すると、スラムのような市街地が都市の内外に形成されてしまう。そこではこうした問題を補うように、居住者による住環境全体への目配りをしたまちづくりが行われることになる。

例えば、韓国のソウルでは急激な都市化により、都市の中心部にたくさんの露天商による商業空間が発生したり、都市周縁部の谷間地域に多くのスラムのような市街地が発生し、そこでは公共サービスを補う形での自治組織が誕生していた。韓国の長寿マウル[カタログ13]は、そのような活動の延長にある活動である。都市のさらなる成長のために、このようなところに再開発の波がやってくることもあり、それに対して抵抗型のまちづくりが活動することもある。韓国の冨平商店街[カタログ9]もこのような文脈に位置付けられるが、都市化の波をうまく乗り切り、前向きに取り組みを展開した事例であろう。

このように大都市の中で問題が発生する一方で、人口を送り出す側にも問題は発生する。人口は農村から都市に集中し、中小都市から大都市に集中する。農村では過疎化が深刻な問題となり、日本には限界集落という言葉があるが、韓国、台湾でも状況は同様である。台湾の桃米村[カタログ19]も過疎に悩む集落での前向きな取り組みである。

地方の中小都市も同様に衰退する。日本では地方都市の中心市街地の衰退が深刻な課題となり、1998年にまちづくり三法が制定され、活性化のための政策的な取り組みが進められた。そこでは大規模な民間の資本ではなく、小規模な事業者や市民が中心となったまちづくりの取り組みが多く行われた。人口の約半分が首都圏に住む韓国でも、一極集中による地方都市の人口減少が日本よりさらに懸念される。このような都市問題の解決を図り、2006年から「住みよい地域づくり」政策が始まり、「住みたい(サルゴシップン)都市づくり」事業や「住みよい農村づくり」などに展開した。「住みよい都市づくり」政策では、2008年よりモデル支援事業が行われ、都市内の組織間のネットワーク形成、みちづくり、コミュニティ形成などが取り組まれている。具体的には、光州市の詩画文化マウル[カタログ4]のようなパブリックスペースを拠点とした取り組み、ソウル市麻浦区の福祉ネットワークづくりのような関係ネットワーク構築の取り組み、安山市広徳路沿いの広場づくりのような地域活性化の取り組みなどが行われた。

3

台湾の社区総体営造略史

社区総体営造の定義

「社区総体営造」とは、台湾でのまちづくり政策・活動を示す言葉であるが、1998年の台湾政府・行政院文化建設委員会（文化をつかさどる部局）による定義では「『社区総体営造』は、コミュニティ・全体・構築の三要素を結び付け、コミュニティ生活は全体として分割できないことを示している」[注1]とされ、地域の包括的な活動を「社区総体営造」であると定義付けている。また、社区総体営造では、「従来の村や里の行政組織に限らず、『コミュニティ』住民の共同意識と価値観の構築を重視する」[注2]ともうたっている。つまり、行政組織によるものだけでなく、ボトムアップによる活動を推奨するものであり、組織的にも裾野を広げた全体的活動を示した言葉である。「総体」という言葉がさまざまなものを含む、という意味をとくに示している。

意思表示としてのコミュニティと台湾の社会

日本ではあまり知られていないことだが、台湾には多くの少数民族が住んでいる（134頁「歴史を理解するキーワード②」参照）。本省人（台湾にもともといた人々）、外省人（中華民国建設時に中国からやってきた人々）との区別もはっきりとあり、自らの出身に基づくコミュニティが色濃く残っている。そして、各コミュニティへの帰属意識の強さも影響して、政治や社区総体営造に対する関心も、すごく高いのだ。例えば選挙のときはまちじゅうで候補者への応援の旗がはためき、色とりどりとなってまるでお祭りのようである。

こういった政治に対する強い情熱のもう一つの背景としては、民主化した経験が根本にある。台湾はほかの国と比べて「安定的に」[注3]民主化した国であるが、社区総体営造も民主化の動きと連動しつつ、台湾が民主化したと言われる1987年よりも以前から少しずつ始まっている。ここで言う民主化とは、国民の権利を一部制限して、言論の自由がなかった「戒厳令」が解除されたタイミングを指す。戒厳令のかかっていた時期は、市民生活には今のような言論や活動の自由がなかった。この戒厳令解除の前後で人々の活動の自由度が大きく変化し、1987年を境にして社区総体営造がぐんと飛躍していったと言える。2014年3月に起こった、ひまわり学生運動もそういった情熱の一端をみせているだろう。民主化に着目しながら、台湾で「自分に合わせてまちを変えてみる」土壌が育った背景にある出来事を見ていこう。

民主化までの動き

民主化がなされた1987年より前は住民が現在のような社区総体営造を自由に行うのは難しかった。中国本土からやってきた蒋介石が率いる国民党の独裁体制下で、市民生活に窮屈なしばりがかかる中での活動であった。

台湾のコミュニティが持つ「自分に合わせてまちを変える」力を考えるために、まず、台湾では「コミュニティ」がどう位置付けられ、どう変化していったかを見ておこう。社区総体営造の歴史を理解するためのキーワードとなるのは「社区発展」という言葉である。この「社区」という言葉は「コミュニティ」と理解するのがもっともしっくりくる。「社区発展」とはコミュニティ・デベロップメントである。この言葉を起点として、1987年の民主化の時期を挟んで生活や考え方の発展とともにコミュニティへの政策が包括的に変化していった。「社区発展」という言葉の変化が台湾のまちづくりの歴史を表していると言っていい。

しかし、「コミュニティ」という言葉の定義がつねに漠然としているように、「社区」という言葉もさまざまな意味を持つ。農村集落も「社区」であるし、アパート群も「社区」である。ただし、「社区発展」というキーワードを軸として変化するコミュニティ政策の中では、「社区」はその定義について、地理的な「社区」の範囲が法律で規定されている。つまりこの場合には地理的な共同体づくりに向けて、台湾の政策が進んでいったということである。具体的には「社区発展」は次のように変化していった。

第Ⅰ段階：
ハードとしてのコミュニティ

1968年に政府によって社区発展政策というコミュニティ政策がつくられた。1960年代前半は台湾が10％以上の伸びで経済成長した時期であったが、まだ生活としては発展途上であった。そのため、当時は社区発展政策のもと「国連の途上国コミュニティインフラ整備の補助金」を受け、「政府の助成金を得ながら簡易水道工事や農業託児所などコミュニティのインフラ整備が行なわれた」[注4)]など、これはまだ大半が貧しい時期に最低限の生活水準を目指すためのハード・インフラ面の整備を目標とした考え方であり、「社区発展」はトップダウン的性格を持つものであった。

第2段階：
ソフト面への考慮

その後、1986年にはさらなる経済成長と都市化に合わせて「社区発展」という考えを発展させ、農村と都市、それぞれに芽生えた問題に合わせたハード整備をまず考え、それから生活の上で大切なソフト面としての社会福祉の政策も一緒に取り込もうと考える動きが出てきた（当時の政策の中には「精神倫理建設」という言葉が見える。この中には文化を重要視するような政策が含まれるようになった）。こうしてハード整備だけではだめで、ソフトも一緒に考えなければならない、ということはずっと日本でも課題であったように、台湾でも社区発展というコミュニティ政策のもとに、ハード面とソフト面の両方を意識し始めたのだ。

政府がそのような政策を進めていった一方、民間側では1970年代後半になって歴史的なまち並み保存の活動が開花し始めた。日本ではすでに経済成長による開発に対抗して1960年半ば頃からまち並み保存の意識が高まってきていたので、時差はありながらも、同じような価値観が芽生えていたと言える。

具体的なまち並み保存の活動として、1978年に始まった、美しいアーケードのまち並みを持つ台北の問屋街・迪化街（ティーファーチャ）での活動が有名である（写真）。この町は、店の前にアーケードが連続してつらなっており、台湾の強い日差しをよける場所として活用されている。アーケードの外側には壁面に細工が施されており、まち並みの連続性が美しい場所である。ここでは、これらのアーケードのまち並みを壊すことにつながる道路拡幅計画が持ち上がり、そのことに対する反対運動としてまち並みの保存運動が盛り上がった。

このような反対運動は市民のまちづくりへの目覚めを促すことにつながることは万国共通である。この迪化街の

迪化街の保存されたまち並み

まち並み保存のための活動は長く続き、それから26年後の2004年に容積率移転制度という、この場所の建築物はそのままで高層化できる権利をほかの人に売ることができる仕組みの実施により、まち並みはすべて保存されることとなった。今ではこの魅力的なまち並みが台北市の観光拠点の一つとなっている。

迪化街には乾物屋が並び、カラスミを買い求める観光客がぶらぶら歩きを楽しんでいる。地元の人々はアーケードの下で椅子を出して涼みながら、おしゃべりをしている。まち並み自体の美しさ、ということだけでなく、こういった生活に根ざしたまち並みが長年にわたる保存運動の成果として壊されなかったことは、台湾の人々に社区総体営造のための勇気と自信を与えたはずだ。

実際この活動に続いて、市民だけでなく多様な人々が地域に関わり始めた。例えば1987年から、台湾大学が日本統治時代のレトロなまち並みが残る九份（キュウフン）の保存に関しての研究を行い始めた。この九份はまち並みが残ったことによって宮崎駿のアニメのような世界観が味わえると評判の場所となったのである。

民主化前後の市民運動の芽生え

このような第１～第２段階を経て、第３段階として、多主体が関わる社区総体営造が誕生した。研究機関による活動だけでなく、実際の社区総体営造を始める新しいグループも生まれてきた。例えば、淡水、九份などの地方都市には「文史工作室」という歴史を記録し、郷土を知るための活動などを行う自主的な活動団体がつくられた。この活動は、大陸からの移住者が多く複雑な歴史の中で、自分の住むまちを知り、町の住民としてのアイデンティティを確立する要求の反映であり、地域の“宝（資源）”探しのような役割を持つ。

とくに1987年の民主化以降にはさまざまな名前と目的をもった団体がつくられていった。例えば都市化の急速な流れから「殻のないカタツムリ運動」（不動産の値上げに対する抗議活動。つまり、殻のないカタツムリは家のない人々、のイメージである）という活動が行われたのだが、この「カタツムリ運動」をきっかけとして「専業者都市改革組織：ＯＵＲｓ（The Organization of Urban Re-s）」と呼ばれるその後の社区総体営造支援に重要な役割を果たすこととなる組織の設立へとつながっていった。このＯＵＲｓという組織は、専門家が専門を超えて協力し合い、市民と専門家を橋渡しするという理念のもとで、政府よりもいち早く、住民参加型の社区総体営造を推し進めていったのである[注5)]。

こうした民間側からの動きにも押されて、行政側でも1990年から住民とともに台北市の住宅街の河川環境を考える活動として台北福林河川園づくりが始められるなど、住民が参加するかたちの社区総体営造の事例も行われるようになっていった。

「社区発展」から
「社区総体営造」へ

さて、キーワードである「社区発展」の変化についての説明に戻ろう。「社区（コミュニティ）」という言葉が政策の中でハード・ソフトの両面を含み、包括的になっていくうえで、1994年には「社区総体営造」政策が発表された。1987年の民主化後、「台湾のアイデンティティを重視する」立場をとった李登輝（中華民国総統の期間：1988～2000年）総統の考えがこの政策に影響している。李総統は、例えば地域の重要な文化である廟（びょう：神様をまつる地域交流の中心となる重要な場所）の復活など、台湾全体の「台湾化」を進めたのである。

これは、「自分たちは台湾人だ」とはっきり言ったということに等しい。「台湾国民は台湾人だ」ということである。そんなの当たり前だと思うかもしれないが、そこには台湾ならではの事情がある。古くから住む漢民族ではない「原住民」、1945年以前からいた「本省人」、1945年以降に中国本土から来た「外省人」という区別を超えた概念である「台湾人」という認識をもつのは難しい時代があったのである（134頁参照）。こういった葛藤は日本では存在しないので容易に理解しがたいかもしれないが、自分が何者なのか、ということを考えるのは、自分が属するコミュニティを強く意識させることにつながり、ひいてはコミュニティ特有の文化を意識するためにもつながっていくのである。

こういった背景もありながら、「社区総体営造」は総合的な政策として、次の７つの問題意識を含む。これらは台湾における社区総体営造政策の骨格となったので、その７つのポイントを次に紹介したい[注6)]。

1）政治経済発展の問題：
物質面では豊かになったが、精神面と、結び付きは弱くなってしまった。

2）居住品質と空間：
工業発展と都市化で生活の質は低下し、都市計画も住民の意見を尊重していなかった。

3）伝統産業が面している衝撃：
これまでの農業技術や補助の考え方ではなく、農村のランドスケープや地方の特性、人口流出などのことも考えなくてはいけない。

4）社会運動と民間意識の目覚め：
1970年代からの社会運動は既存の体制や価値観に挑戦し始めた。環境的な議題はコミュニティレベルに立ち戻って考えなくてはならない。

5）過去のコミュニティ政策の不足：
今まではトップダウンで、住民は単に受け身であった。

6）コミュニティの共同体の意識：
住民は公共の領域において、資源や政策の決定権をみんなで持ち、コミュニティの意識から健全な市民社会の基礎をつくり、民主的な社会の基礎を固めていくことが大切である。

7）社区総体営造の理念：
社区総体営造は文化的な戦略の一つであり、コミュニティ意識とコミュニティのモラルを再建することを目的とする。

このように、社区総体営造は全体としてコミュニティの意識、ボトムアップの重要性、そして新しく生まれてきた社会問題への対処のための、総合的な戦略を意識した政策であった。このような視点は政府側からの提案だけでなく、それまでの住民の活動をもとにつくられたものであり、住民参加・住民主体、コミュニティの構築、地域性の復権などをキーワードに、台湾の社区総体営造の取り組みを後押ししていった。

1999年には、台北市で社区総体営造のリーダーを育成する「コミュニティ・プランナー（社区規劃師）」制度が生まれ、数多くの地域のリーダーが社区総体営造を支援するための教育を受けた。課程を卒業すると、コミュニティ・プランナーとしての卒業証書がもらえるのである。そのため、例えば台湾では「私はコミュニティ・プランナーよ」「私もです」という人がいて、日本のまちづくり事例の話を大勢聞きに来てくれる。プランナーになるためには大学の建築学科や土木学科を卒業している必要はなく、何よりも社区総体営造に強い関心があることが重要なのである。日本で同様な制度があったとしても、このような仕組みに乗ってコミュニティ・プランナーとしての勉強をしてみようと思う人がそれほどいるだろうかと疑わしくなるほど、台北市の住民たちは熱心である。

また、その後2004年には台北市においてコミュニティへのアドバイス、コンサルティング、社区総体営造の研究を行い、情報拠点でもある場所として「台北市社区営造センター」も誕生した。この施設の中には各地の調査資料や社区総体営造の展示が所狭しと並んでいる。また一方、地域では「社区大学」が生まれ、そこでも地域運営に役立つ教育を行い、社区総体営造の担い手を育成している。このように、2000年代は広く住民が自分たちで社区総体営造を実践するための土台がつくられていった。

コミュニティ・プランナーの交流会

集集大地震と社区総体営造

1999年9月21日の集集大地震を受け、本書で紹介したカタログ⑱(66頁)や⑲(68頁)にもあるように復興のまちづくりが展開されている。都市部でなく、地方都市や農村で起きたこの地震に対する復興の事例にも現れているように、台湾と日本は地震多発国としてお互い復興のまちづくりのあり方を学び合ってきた(144頁「歴史を理解するキーワード④」参照)。両国とも、それまでのまちづくりの蓄積が復興まちづくりを経て大きく飛躍する。

台湾の社区総体営造の蓄積が活かされたのが震災後の復興計画づくりである。震災後、復興の計画案作成のために政府の補助金を得て、都市部のプランナーたちが地域に通いながら一時的な支援でない持続可能な復興を提案した。その後、住民主導の復興の社区総体営造を後押しするために、政府が公設民営の社区総体営造の支援センター(社区営造センター)を設立し、そこで社区総体営造を進めるためのスタッフ(社区営造員)を募り、授業を通して教育し、住民の意見を反映した生活復興のための社区総体営造計画案をつくるようにした。コミュニティの中で自律性が根付くようなシステムづくりをしたのである。政府はこれらの経費を補助金として支援したのであった[注7)]。

そういった復興の社区総体営造の中では、農作物を加工して価値を高めて高く売り、その利益で福祉サービスを提供する。鶴見和子の言う「内発的発展」つまり「個人の人間としつつ可能性を十分に発現」する形でのまちづくりである社区総体営造が誕生した。それまでは社区総体営造のそれほど盛んではなかった地域において、復興時に人口流出や空き地の増加などの困窮度が加速したことが、外部からのプランナーの流入や自律的な社区総体営造の勢いに火をつけたのである。

磁場屋は震災時の被災状況をそのまま伝えるために保全された建物である(カタログ⑱)

台湾における自律した「自分にあわせてまちを変えてみる力」

台湾では第二次大戦後に長期間にわたって住民の権利を制限する戒厳令が敷かれていたこともあって、社区総体営造は日本から20年ほど遅れて始まった。ただし、その後は政府とコミュニティが一体となって、コミュニティが主役の社区総体営造が活動できる舞台をつくり上げていくまでのスピードが速かった。

これは、戒厳令解除まで抑圧されていた市民としての自由な活動が一気に解放されたこと、また、深く自問自答せざるを得ない台湾人としてのアイデンティティが社区総体営造の動機付けとなっていたことがある。2014年の中国との貿易協定に対するひまわり学生運動を見て、中国との関係は、台湾の人々が行動で示す際の動機付けとして大きな位置を占めているという状況が読み取れるだろう。

また、政策として用いられた「社区（コミュニティ）」という言葉が、地理的な範囲を意識しつつもハードとソフト両面を含んだ概念であったことも、地域で社区総体営造を進めるうえで影響したと言えるだろう。

つまり、遅れてきた自由とアイデンティティ、そして「社区」という共同体を示す言葉、この3つが台湾での社区総体営造の取り組みを後押しし、発展型としての「自分にあわせてまちを変える」動きを生み出してきたと言えよう。「遅れてきた自由」はスピード感を生み出し、「アイデンティティ」と「社区」はコミュニティの強さと自律性をもたらしたのである。台湾での発展型の具体例としては、地方都市での主流の資本主義システムにのらない、コミュニティビジネスによる自律的な動きがあげられよう。民主化などの経験による土台が、内発的な産業と活動を生み出し、発展型の社区総体営造の底力を形成しているのである。

子どもから大人まで活気にあふれる社区総体営造のワークショップ

歴史を理解する
キーワード2

台湾の少数民族

日本にもアイヌや沖縄の少数民族が存在するが、台湾は少数民族の宝庫であり、社区総体営造を語るときに民族は欠かすことのできない視点である。世界地図の中に東アジアを位置付けてみると、台湾は、フィリピンのすぐ北にある島の一つであり、もともとはオーストロネシア語族と呼ばれる民族が住んでいた。これらの人々は台湾では“原住民”と呼ばれている。日本語の原住民は差別的な用語であるが、台湾では、法律でも用いられる表現である。オーストロネシア語族には、マレー人やタガログ人が含まれ、台湾の原住民の言葉や体のつくりはこれらの人々に似通っている。その台湾島に中国系の漢民族が入ってきたのは17世紀の清朝以降であり、オランダによる統治、日本による統治を経て、第二次世界大戦後には蒋介石の率いる国民党が統治するようになり、漢民族が多数を占めるようになっていった。平地に住んでいた原住民と漢民族の文化的な混合は早くから進んだが、山中を拠点にし、現在に至るまで独自の文化を大切に残している原住民もいる。1980年代の民主化運動時に、原住民の権利回復運動が起き、現在は14の民族が政府に認定されている。阿美（アミ）族、排湾（パイワン）族、泰雅（タイヤル）族などである。

さらに台湾には、外省人と本省人という区別もある。第二次世界大戦以前から台湾に移り住んでいた漢民族を本省人と呼び、先住民（原住民）との混合も進んでいる。一方、外省人は、第二次世界大戦よりあとに移り住んだ漢民族で、中国本土とのつながりが強い人たちである。また、同じ漢民族の中でも、客家（ハッカ）と呼ばれる漢民族が台湾に多く住む。中国の揚子江北部の王族の末裔で、独自の文化を持ち、中国本土だけでなく台湾でも、自分たちの文化を守る意識が高い。原住民とは異なる仕組みで客家向けの施策も展開されている。台湾の少数民族や客家は社区総体営造が国家の施策となった1994年に、台湾のアイデンティティを再興する社区営造の強い文脈として尊重されるようになった。三民村［カタログ17］や金岳社区［カタログ14と17］は少数民族の文脈を前面に出した社区営造であり、民族としての誇りが活動を支える事例である。

4

日本のまちづくり略史

まちづくりの定義

2010年代の日本を見渡してみると、「まちづくり」という言葉は、あちこちで普通の言葉として使われている。「景観まちづくり」「防災まちづくり」という言葉のように、都市計画的な取り組みを指すこともあるし、「福祉のまちづくり」「多文化共生のまちづくり」という言葉のように、ソフト的な取り組みを指すこともある。さまざまな自治体は「まちづくり条例」を作っているし、国のレベルでも「まちづくり交付金」や「歴史まちづくり法」という言葉が使われるなど、制度の言葉としてもすっかり使われるようになった。民間の不動産業者が進める開発プロジェクトにも「まちづくり」という言葉があちこちで踊っている。

このように、今や普通の言葉となった「まちづくり」であるが、それほど古い言葉ではなく、戦後につくられた造語である。都市計画家である秀島乾(1911-1973)や、歴史学者である増田四郎(1908-1997)が最初に使った言葉であるとされている[注1)2)]。

しかし、この二人が「まちづくり」という言葉を明確に定義したわけではなく、最初に定義ありきで広まっていった言葉ではない。さまざまな人たちが、自分たちがやっていること、やりたいこと、誰かがやっていることに対して「まちづくり」という言葉をあてはめていき、その中で多くの人たちに使われるようになった言葉である。つまり「まちづくり」という言葉は本質的に多義であり、それゆえにいくつかの定義が存在するが、ここでは都市計画家である田村明(1926-2010)、佐藤滋(1949-)の定義を挙げておこう。

◆「まちづくりとは、一定の地域に住む人々が、自分たちの生活を支え、便利に、より人間らしく生活してゆくための共同の場を如何につくるかということである」(田村明)[注3)]

◆「まちづくりとは、地域社会に存在する資源を 基礎として、多様な主体が連携・協力して、身近な居住環境を漸進的に改善し、まちの活力と魅力を高め、「生活の質の向上」を実現するための一連の持続的な活動である」(佐藤滋)[注4)]

「地域」「住民」「市民」「共同」「参加・協働」「持続的」といった言葉がキーワードである。こうしたキーワードは、さまざまな人たちによる、まちづくりの長い取り組みの中で、公約数のように導き出されてきたキーワードである。それは、どのような地域社会、どのような歴史から導き出されてきたのだろうか。

自治の組織が支える地域社会

よく海外の人に日本のまちづくりを紹介するときに驚かれることだが、日本の地域社会には、どこに行っても「町会、町内会、自治会」と呼ばれる、住民自治の組織が存在する。小さな違いはあれども、それぞれは同じように組織化され、同じような仕事をし、責任を持ってそれぞれの地域をカバーしている。一つの地域に二つ以上の組織があることはなく、自治の区域を分け合っているのである。日本で暮らす私たちにとって当たり前のような組織であるが、こうした組織がそれなりにきちんと機能していることは、日本の地域社会の特徴である。まちづくりは、町会、町内会、自治会だけが行うものではなく、どちらかというとそれ以外の主体が、町会、町内会、自治会とも連携を取ったり、補完し合ったりしながら行うものであるが、この「自分たちの地域を責任もってカバーする」という精神は、どのようなまちづくりでも共通するものかもしれない。それは、ただ好きなこと、やりたいことをやるだけではなく、地域の広がりの中にいる、自分たち以外の人たちを意識し、活動を組み立てていくということである。

日本の地域社会を支えているのは確実にこれらの組織であるが、町会、町内会、自治会の会長や役員が選挙で選ばれることは少なく、地域の人たちの人間関係の中から選ばれることが多い。公平さやそれを担保する透明な手続きではなく、こうした、人間関係を重視して運営される草の根の民主主義も、日本の地域社会の特徴であろう。そこには、よくも悪くも同調的な力が働き、意志決定が慎重に行われ、突飛なことが起こりにくいかわりに、確実なことが積み重ねられていく。それは、韓国や台湾の地域社会とは確実に異なるのである。こうした地域社会の特徴が、どのようにまちづくりに結実していったのか、歴史を見てみよう。

住民運動とまちづくりの誕生

日本では、軍事政権の緊張のもとで民主化が進まなかった韓国や台湾よりも早くに民主化が実現した。そのために韓国や台湾よりも20年近く早くからまちづくりが始まった。そのルーツは1960年代に多く生まれた住民運動にある。

1960年代は高度経済成長を遂げた時代であり、工業化、経済発展と都市化が急激に進み、そのもとで公害に代表されるさまざまな問題が発生した。

そして経済成長を進めた政府や民間企業への不信から、市民運動、労働運動、学生運動などさまざまな「運動」が多発することになる。こういった運動はさまざまな課題に対して発生したが、「まちづくり」に近い運動として、「辻堂南部地区の町づくり運動」「名古屋市栄東地区のまちづくり運動」「神戸市丸山地区の住民運動」などが挙げられる。しかし、こういった一部の運動は別として、多くの個々の運動は地域社会の中で組織化されることはなかった。

一般的に「運動」はある課題に対して集中的な異議申し立てのエネルギーをぶつけるものである。現在でもしばしば私たちは、街頭デモや署名運動といった形でそれを目にすることがある。こうした運動は、短期的には大きな力を持つ。しかし、まちづくりは長い時間がかかるものであり、短期集中的な「運動」ではなく、持続的な取り組みを支える「組織」への転換が必要である。この時代の運動を見てみると、運動自身が組織化する力を持っていたことは少なく、町会・町内会、自治会などの組織も多くが力を失っていた。したがって、市民運動、労働運動、学生運動といった運動は、一時的な盛り上がりを見せるものの、地域社会の中で組織化されず、単発的になっていった。

政策のレベルでは、こうした運動を地域社会につなげていくために、「コミュニティ」という言葉が持ち込まれる。1969年に国民生活審議会より出された『コミュニティ―生活の場における人間性の回復』というレポートにおいて、住民運動は新しい都市型の地域社会＝コミュニティをつくる契機であると捉えられた。そして、この考え方をもとに、住民運動を受け止めるだけではなく、それを契機にして新しい都市型のコミュニティをつくる、という方向に政策が展開する。具体的には、1970年代に自治省を中心としたさまざまなコミュニティ形成の施策が取り組まれることになり、これが現在に続くまちづくりの一つのルーツとなる。

一方で、1960年代にさまざまな運動を通じて問題意識を形成した市民は「革新自治体」と呼ばれる自治体を生み出していく。当時の政治体制は「55年体制」と呼ばれる。1955年に成立した体制で、国会において自由民主党が与党として政権を維持し、日本社会党が野党第一党を占めていた体制を指す。この体制のもと、地方の政治においても、同じく自由民主党が多数派を形成していた。そして、さまざまな運動を通じて問題意識を形成した市民は、それまで戦後の成長を牽引していた多数派に対して批判的な立場を取り、日本社会党、日本共産党などの革新勢力を支持する。こういった市民の支持を受けた首長が誕生した自治体が「革新自治体」である。1960年代の初頭に存在感を増し、1964年に「全国革新市長会」が結成されたり、1970年には「革新都市づくり綱領」が発表されるなどした。

この革新自治体がまちづくりのもう一つのルーツとなる。なぜか。二元代表制をとる地方自治体では、首長と議員の二つの選挙によってリーダーが選ばれるが、多くの革新自治体では、首長だけが革新派であり、一方の代表である議会の多数派は交代していない、という状況であった。そこでは、議会と首長があらゆる政策を巡って対立する。そして、国政では55年体制が続いているため、首長は国とも対立する。このような状況で首長は議会を飛び越えて、市民との直接の　対話や市民参加を重視するようになる。このことがまちづくりにつながっていくのである。

計画システムの確立へ

1970年代に入るとそれまでの経済成長によって国民生活が一定のレベルに達する。その一方で、オイルショックの影響もあり経済成長のスピードが鈍化する。つまり、生活が豊かになり、低成長社会になったということであり、多くの人々の目が身のまわりの環境に向き始めたのがこの頃である。こうした中、自治省や革新自治体の取り組みにおいてまちづくりの実践が各地で取り組まれるようになり、それらはモデル的な取り組みとして成長することになる。例えば、東京都の三鷹市では地区別のコミュニティの協議会がつくられ、地区毎に建設されたコミュニティセンターを中心としたまちづくりが取り組まれた。東京都の町田市では、市の総合計画の策定に代えて、さまざまな市民参加のプロジェクトが行われた。神戸市の真野地区では、木造住宅が密集するエリアにおいて、居住環境の段階的な改善整備を行うため、地域住民が協議会をつくり、まちづくりの計画づくりに取り組んだ。各地で自治体と市民が共同で取り組むまちづくりの実験が行われたのである。

1980年代に入るとバブル経済の時代になる。バブル経済は不動産の開発を成長のテコにしていたため、都市の中で開発ラッシュが起きることとなった。つまり、生活はより豊かになったが、再び高成長社会になったということである。世の中全体が速いスピードの開発にさらされたため、その中で、身のまわりの環境を重視するまちづくりは大きな流れをつくり出すこと

1980年代に世田谷区で取り組まれた市民参加型の街路デザイン

はなかったが、まちづくりの取り組みは確実に成長していった。1980年には、身のまわりの地区ごとに詳細な都市計画をつくることができる「地区計画制度」が創設され、神戸市や東京都の世田谷区では、この制度を中心にして、まちづくり条例がつくられた。まちづくり条例では、住民が協議会をつくり、自分たちのまちのまちづくりの計画を提案すると、自治体がそれを計画として位置付け、協議会と自治体でまちづくりを進めていく、という地区におけるまちづくりのシステムがつくられた。それまでのまちづくりは、あくまでもモデル的な取り組みであったが、一部の先進的な自治体において、法に位置付けられた正式なシステムとなったのである。また、バブル経済期は、生活が豊かになり、それまでの大量生産大量消費型の開発ではなく、個々のデザイン性を重視した開発が行われ始めた時期でもある。その中で、「都市美」や「都市デザイン」という言葉のもとで、公園や街路や公共施設を市民参加型でデザインする取り組みも先駆的に生まれた。

まちづくりの全国展開と一般化

1990年代に入るとバブル経済の崩壊とともに開発ラッシュが終わり、経済的には長い不景気の時代に入る。生活は豊かになったが、再び低成長社会になったわけである。1995年には阪神淡路大震災が発生し、その復旧復興過程で活躍したボランティアやNPOの社会的な位置付けが強まっていく。政治的には、55年体制が1993年に崩れ、自民党と革新政党との連立政権が続くことになる。こうした連立政権によって特定非営利活動促進法（通称NPO法、1998年）や行政機関の保有する情報の公開に関する法律（通称情報公開法、1999年）といった、今日のまちづくりの基盤となる重要な法が成立し、まちづくりはそれまでの実験的、モデル的な取り組みではなく、全国的に取り組まれる一般的な取り組みとなっていく。

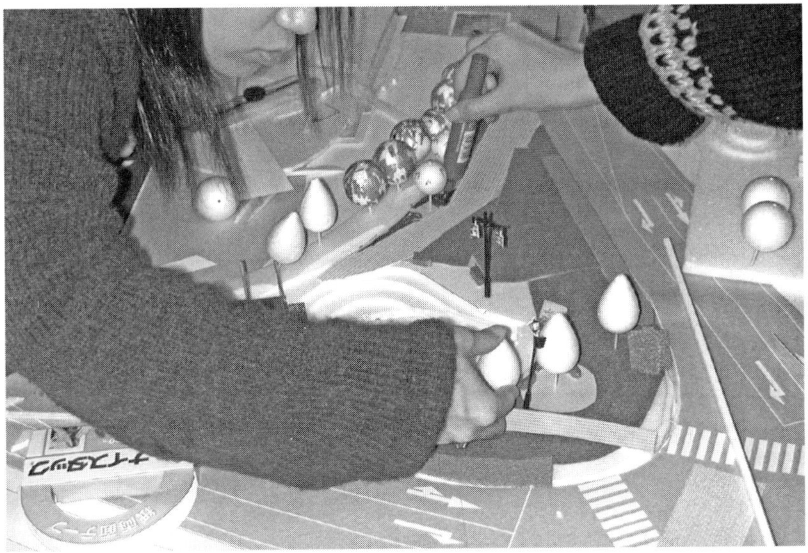

公園づくりのデザインワークショップの様子。
1990年代後半よりこういったワークショップが各地で開かれるようになった。

一般化のもう一つの契機は、１９９２年につくられた「都市計画マスタープラン」制度である。これは、自治体に作成が義務付けられた新しいマスタープラン制度であるが、その策定の過程に市民参加が位置付けられた。これを受けて全国で、革新自治体であるなしにかかわらず、手探りではあるが市民参加の取り組みが行われることになり、まちづくりがあちこちで取り組まれるようになった。

またＮＰＯ法は、まちづくりの担い手を法に位置付けるものであり、市民組織やＮＰＯが中心となったまちづくりの取り組みを活性化することにつながった。市民組織やＮＰＯは、１９７０年代・１９８０年代を通じてまちづくりの担い手として地域で活躍していたが、法に位置付けられることによって、確固たる主体として地域社会の中や行政組織に認識されることになる。それは、行政と市民、市民と市民が協働してまちづくりに取り組むという、まちづくりのスタイルを確立し、市民組織やＮＰＯの活動を支援する「まちづくりファンド」や「まちづくりセンター」といった仕組みも各地でつくられていった。世田谷区のまちづくりセンター（１９９２年）やまちづくりファンド（１９９２年）が先駆的な取り組みである。

２０００年代に入ると地方分権が本格化し、自治体に権限が移譲されることになる。地方自治体が法律をもとに条例をつくることができる「条例制定権」が認められ、市民組織やＮＰＯと自治体の「参加」や「協働」の仕組みの制度化や、「まちづくり条例」の制定など、自治体のまちづくりのシステムも充実していく。まちづくりが一般化し、行政の運営、地域社会の運営の欠かせなくなった時代である。

「自分にあわせてまちを変えてみる力」はどのようにしてまちづくりにつながったか

このように、長い時代をかけてまちづくりは一般化し、欠かせない方法となっていった。マウル・マンドゥルギや社区総体営造のような速さで一般化しなかったのは、長い55年体制のもとで革新自治体のまちづくりが実験的、先駆的な取り組みに留まっていたからでもあるし、コミュニティという言葉のもとで、つねにまちづくりと自治の組織の関係づくりが試みられていたからでもある。こうした歴史は、「自分にあわせてまちを変える力」が、派手に発現されることを抑えるようにも作用したが、一方で、地域社会の中に確実な取り組みが積み重ねられ、長い時間をかけてまちづくりのシステムが育てられてきた、ということにもつながる。

２０１１年に広い範囲で大規模な被害をもたらした東日本大震災は、多くの地域社会を根こそぎ破壊した。日本が戦後に積み重ねてきた自治の仕組み、自治体の仕組み、まちづくりの仕組みは圧倒的な被害に対して十分な力を発揮することができなかったが、小さな取り組みがあちこちで始まり、少しずつ復興が進められている。もちろんその根本には、個々の被災者や支援者の「自分にあわせてまちを変える力」がある。こうした取り組みの中から、また新しいまちづくりの枠組みが生まれていくのであろう。

歴史を理解する
キーワード3

民 主 化

「民主化」という言葉は、日本からは遠く、大げさな言葉のようにも考えられる。定義は「間接民主制に基づく自由民主主義が実現した状態」である。サミュエル・ハンチントンは世界の民主化を歴史的に三つの波に分けて整理している。第一は19世紀から20世紀初頭にかけての欧米諸国の民主化、第二は第二次世界大戦後の短期間に生じた民主化、第三は1970年代半ば以降の民主化である。日本は第二の波に、1980年代に民主化した韓国と台湾は第三の波に属する。

民主化とは、選挙を通じて自分たちの意見を代弁する人を選ぶことができ、その人を通じてさまざまな制度（法や組織）をつくることできる状態になることである。私たちが都市やまちを変えるためには制度が不可欠であり、民主化とは、その制度を「つくることができる状態」にあるということである。「自分にあわせてまちを変えてみる力」を伝播したり、増幅したりする基本的な仕組みとして民主化がある。

民主化が実現したらどうなるか。早くに民主化した日本を見ていると、その後の時間の中で、民主化は「空気のように忘れられていく」という流れを辿り、その一方で間接民主制を支えるさまざまな仕組みが充実化していくという流れを辿る。相矛盾するようだが「空気化」と「充実化」がポスト民主化のキーワードである。

まちづくりの分野における「充実化」として、日本では、まちづくり協議会、まちづくり条例といったさまざまな仕組みがつくられた。まちづくり条例とは、住民の「公共的意思決定」、すなわち個人の意思ではなく、その地域全体のまちづくりに関する総意の決定をサポートする制度である。そこでは公平・透明な意思決定が行われる手続きや、意思決定の結果を地域のルールに位置付ける手続きが定められる。日本では1980年代以降に広がり、韓国でも1990年代後半から導入されている。

韓国や台湾では1986～1987年に民主化が実現している。両国の現場に活気があるように感じられるのは、もしかしたら、比較的近い「民主化の熱狂」が、そのまま身近なまちづくりにまで持ち込まれているからかもしれない。民主化が空気化して久しい日本のまちづくりの現場から見て、少し羨ましい状況でもある。

5

小さな民主化を支える制度的な環境

本章はここまで、「自分にあわせてまちを変えてみる力」が発揮された取り組みが、マウル・マンドゥルギ、社区総体営造、まちづくりとして発展してきた歴史を整理してきた。この歴史をどう理解すればよいだろうか？ 歴史を右図のように「誕生」「モデル化・定式化」「一般化」の３つの段階に単純化して考えてみよう。

まず誕生の段階では、「自分にあわせてまちを変えてみる力」によってマウル・マンドゥルギ、社区総体営造、まちづくりの先駆的な取り組みが生まれる。それらはどういう制度的な環境から生まれてきたのだろうか。

マウル・マンドゥルギと社区総体営造は、ある程度の経済成長と、その後に実現化した民主化の影響を同じように受け、1990年代のほぼ同じ時期に誕生した。日本でも戦後すぐに民主化が実現していたことを考えると、制度的な環境の主要な成分はある程度の経済成長と民主化された状況であることは間違いなく、民主化以前に動いていた住民運動や市民運動が、民主化にともなって顕在化、そして活性化し、先駆的な取り組みが誕生したのである。

先駆的な取り組みは制度的な環境と栄養のやり取りをしながら育ち、やがてマウル・マンドゥルギ、社区総体営造、まちづくりと名付けられることになる。モデル化・定型化の段階である。

まちづくりのルーツは、1960年代に顕在化した経済成長の弊害に対する異議申し立ての住民運動や市民運動である。住民運動や市民運動のモチベーションがコミュニティという言葉のもとで、地域社会と結び付けられようとしたときにまちづくりがモデル化・定式化されていった。マウル・マンドゥルギや社区総体営造のルーツにある住民運動や市民運動の背景には、韓国では北朝鮮やアメリカとの関係についての世代間の対立が、台湾では台湾内と大陸との関係の両方における政治的衝突という課題があった。民主化の前に高まったこうしたモチベーションが、民主化を機に堰を切ったように流れ出し、地域社会においてモデル化・定式化されていったのである。

そしてモデル化・定式化された取り

組みは、それぞれの国の政策の中で位置付けられ、意識的に育てられ、全国に広がっていく一般化の段階を迎える。このときに、制度的な環境はさまざまな取り組みに対して、誕生を促したり、栄養を補給したりする役割を果たす。

まちづくりがモデルであった時期は長いが、５５年体制が終わって、地方分権、ＮＰＯ法や情報公開法などの制度的な環境が整うとともに、まちづくりが一般化していった。マウル・マンドゥルギと社区総体営造はスムーズに一般化しつつある。韓国では自治体首長の民選化などの制度的な環境の変化が着実に積み重ねられている。台湾では政権交代の中で政治的戦略として社会運動が社区総体営造と結び付き、結果的に地方づくりの担い手としての力を持つようになった。

現在ではマウル・マンドゥルギ、社区総体営造、まちづくりは同時代性を持って動いている。どの国が進んでいる、優れているといったことはなく、それぞれの特徴をもって活動が積み重ねられていると言ってもよいだろう。

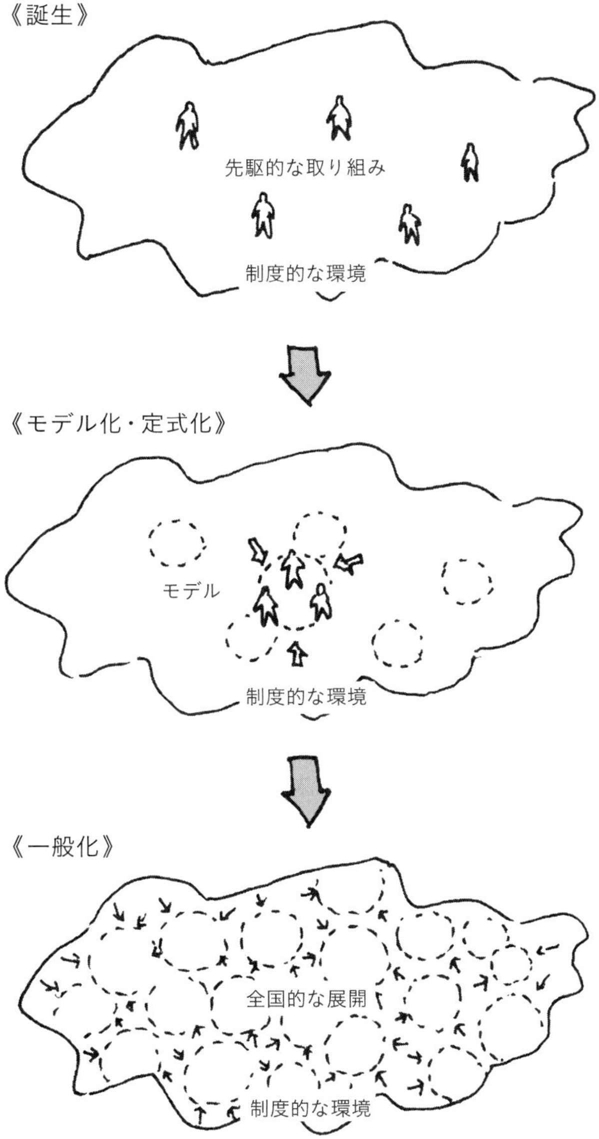

歴史を理解する
キーワード④

台湾と日本の交流

災害復興の社区総体営造とまちづくりは交流しながら成長してきた。

世界のどこを見回しても災害のない地域はないが、とくにプレートのせめぎ合う日本と台湾の太平洋沿岸には際立って地震が多い。阪神淡路大震災、集集大地震、東日本大震災などがこの位置で発生してきた。また、地震だけでなく火山や台風の被害も多い。

災害は都市や地域の空間を破壊するため、住んだり仕事を始めたりするための空間の復興が必要になる。そこに、強く政府がイニシアティブをとって資源を投入することもあれば、政府の資源が不足し、待ちきれないで被災者自身の資源が投入されることもある。また、弱い政府を補完する形でNPOやNGOがイニシアティブをとって関わることもある。

日本の災害復興において「まちづくり」の方法が注目されたのは1995年の阪神淡路大震災である。1970年代よりまちづくりの実践とその仕組みづくりに取り組んできた神戸市の蓄積が活かされ、被災地の内外で叢生したボランティアやNPOの動きとも連携することになった。

この経験は、海を渡って台湾の集集大地震（1999年）に活かされることになる。集集大地震の被災地は中山間地が大半を占めるが、そこでは社区営造の取り組みが多く育ち、例えば桃米村［カタログ⓳］などはまさに集集大地震の延長線上にある。さらにその経験は海を渡って還流し、中越地震（2004年）や中越沖地震（2007年）に伝わる。このように東アジアの災害多発地帯を往復するようにしながら、災害復興まちづくりの方法が積み上げられてきているのである。

注釈

第２節：韓国のマウル・マンドゥルギ略史

注１）菅原愛夏『韓国におけるまちづくりの特徴及び課題』日本都市計画学会、2003

注２）无爲堂20周期記念生命運動 対話マダン『韓国・協同組合運動に対する診断及び展望』、2014；무위당20주기기념 생명운동 대화마당—한국 협동운동에 대한 진단과 전망—, 원주 가톨린센터, 2014년 5월21일

注３）金ヨンミ『彼らのせマウル運動』プルン歴史出版社、2009；김영미, 그들의 새마을운동, 푸른역사, 2009

注４）マウル・マンドゥルギ造語作業に関わった鄭石教授へのヒアリングにより

注５）水原市マウルルネサンス『マウル・マンドゥルギ全国ネットワーク　オンラインコミュニティ及び関連サイト』水原市マウルルネサンス、Vol.6、2014

第３節：台湾の社区総体営造略史

注１）「ASCOM 2008 Fall Workshop in SEOUL」報告集、p.91から引用（一部編集）

注２）前掲１に同じ

注３）西川潤・蕭新煌『東アジアの市民社会と民主化』明石書店、2007、p.80

注４）星純子「現代台湾コミュニティ運動の地方社会における卓越化と地方文化の実体化政策」アジア太平洋レビュー(5)、大阪経済法科大学アジア太平洋研究センター、2008、pp.15-26（p.20から引用）

注５）Huang, Liling, “*Community Building in Taiwan*”, ASCOM conference in Seoul, Seoul National University, 2011

注６）謝慶達「戦後台湾社区発展運動之歴史分析」台湾大学土木研究所学位論文（1995）から以下引用、一部文章を改変した。元訳は東京大学・陳麗如、楊恵亘訳による。

注７）村田香織・渡辺俊一「台湾におけるまちづくりの人材育成・活動支援システムの特徴及び課題 ―〈社区営造センター〉を事例として」学術講演梗概集 F-1、2004、pp.761-762

第４節：日本のまちづくり略史

注１）渡辺俊一、杉崎和久、伊藤若菜、小泉秀樹「用語〈まちづくり〉に関する文献研究（1945～1959）」日本都市計画学会、都市計画論文集No.32、pp.43-48、1997

注２）中島直人「都市デザイン萌芽期の研究」（我国の「都市デザイン」の基礎理念の体系化に向けた、その萌芽過程の復元研究報告書）、2006

注３）田村明『まちづくりの発想』岩波新書、1987

注４）佐藤滋（日本建築学科編）『まちづくり教科書 第１巻〈まちづくりの方法〉』丸善、2004

参考文献

韓国に関するもの

- 全泓奎「韓国の貧困層コミュニティにおけるコミュニティ参加の展開」日本都市計画学会、都市計画論文集No.41-3、2006
- 木村幹『韓国現代史』中公新書、2012
- 文京洙『韓国現代史』岩波新書、2005
- 水谷清佳「〈マダン〉研究史のための予備的考察」東京成徳大学人文学部・応用心理学部研究紀要、第16号、pp.51-57、2009

台湾に関するもの

- 伊藤潔『台湾―四百年の歴史と展望』中公新書、1993
- 若林正丈『台湾―変容し躊躇するアイデンティティ』ちくま新書、2001
- 陳亮全（台湾まちづくり研究会翻訳・編集）『台湾社区総体営造の展開』こうべまちづくりセンター、2004
- 行政院文化建設委員会『台湾社区総体営造の軌跡』こうべまちづくりセンター、2004
- 楊武勲「台湾の社区大学の現状と課題に関する考察」早稲田大学教育学部学術研究（教育・社会教育学編）、第51号、pp.67-80、2003

日本に関するもの

- 饗庭伸「参加型まちづくりの方法の発展史と防災復興まちづくりへの展開可能性」総合都市研究、第80号、pp.90-102、東京都立大学都市研究所、2003
- 米野史健・饗庭伸・岡崎篤行・早田宰・薬袋奈美子・森永良丙・吉村輝彦「参加型まちづくりの基礎理念の体系化―先駆者の体験・思想に基づく考察―」住宅総合研究財団研究年報第27号、pp.101～112、丸善、2001

3か国に共通するもの

- 饗庭伸「Comparative History of Community Design in Korea, Taiwan, and Japan」ASCOM 2008 Fall workshop in Seoul, 2008

	《韓国》		《台湾》
	社会的動向	大統領	社会的動向
1945年〜	●独立(1945) ●大韓民国政府樹立・憲法制定(1948)	1948- 李承晩	●中華民国成立(1946) ●2.28事件発生(1947) ●戒厳令(1947)
1950年代	●朝鮮戦争(1950-53) ●農村部における地域社会開発事業(1950年代) ●ソウル戦災復興計画(1952) ●地方議会選挙(1956)		●第1期経済建設計画(1953)
1960年代	●試験農村建設事業(1960年代) ●農民運動が盛んになる(1960-1970年代) ●5.16軍事クーデタ(1961) ●地方議会解散(1961) ●第1次経済開発5か年計画(1962) ●建築法、都市計画法制定 ●文化財保護法制定(1962) ●韓日協定締結(1965)	尹潽善 朴正熙	●ベトナム特需(1964) ●「社区発展」が社会福祉政策として提出、社区発展協会設立が進む(1965) ●台北市、直轄市となり、合併により市域拡大(1968) ●第1次「社区発展工作網領」→全省を4893社区に分ける(1968)
1970年代	●セマウル運動導入(1970) ●民主化運動が盛んになる(1970〜1980年代) ●国土建設総合計画(1972) ●セマウル運動が都市部で拡大(1973) ●都市貧民運動(1970〜1980年代) ●粛軍クーデター(1979)	崔圭夏	●国連(UNDP)の協力を得て、社区発展工作を推進する(1970年代) ●国連脱退(1971) ●日本と断交(1972) ●迪化街拡幅計画、保存議題が盛り上がる(1978) ●美麗島事件(1979)
1980年代	●光州民衆化運動(1980) ●南北韓交流開始(1985) ●大統領の民選を導入したことにより民主化(1987) ●ソウル市撤去民協議会の発足(1987) ●ソウルオリンピック開催(1988) ●地方自治選挙の復活(1988) ●マウル・マンドゥルギ活動が各地で本格的に展開(1980年代末)	全斗煥 盧泰愚	●営建署設置(1981) ●文化建設委員会成立(1981) ●第2次「社区発展工作網領」→住民動員から住民の支援に→社区発展協会を市民団体へと変化させる(1983) ●民主進歩党結成(1986) ●鹿港で「反デュポン(杜邦)運動」(1986) ●戒厳令解除により民主化(1987) ●社区運動が活発化する(1987年以降) ●「主婦連盟」「荒野保護協会」「都市改革専門家組織」「殻のないカタツムリ街頭運動」など各種民間の活動団体が誕生(1987年以降)

《台湾》		《日本》			
総統	政権与党	社会的動向	首相・内閣	政権与党	
1946- 蒋介石	中国国民党	●終戦(1945) ●憲法制定(1946) ●町内会制度廃止(1947) ●シャウプ勧告(1949)	1948- 吉田茂	自由民主党	1945年〜
		●朝鮮特需(1950-52) ●神武景気(〜1957) ●GHQ廃止(1952) ●55年体制の確立(1955) ●水俣病発見(1956) ●公害などへの市民運動が盛んになる(1950-70年代) ●岩戸景気(〜1961)	鳩山一郎 石橋湛山 岸信介		1950年代
		●60年安保(1960) ●学生運動が盛んになる(1960年代) ●所得倍増計画(1960) ●全国総合開発計画・拠点開発構想(1962) ●東京オリンピック(1964) ●OECD加盟(1964) ●全国革新市長会(1964) ●東京で美濃部都政誕生(1966) ●日照権裁判、公害対策基本法、大気汚染防止法、騒音規制法の制定など、市民運動の成果が出る(1967-1968) ●都市計画法制定(1968) ●東京都中期計画「いかにしてシビルミニマムに到達するか」(1968) ●国民生活審議会の答申「コミュニティ ー生活の場における人間性の回復」(1969) ●新全国総合開発計画(1969)	池田勇人 佐藤栄作		1960年代
蒋経国		●横浜などで都市デザイン行政始まる(1970年代) ●革新都市づくり綱領(1970) ●環境庁設置(1971) ●自治省が「モデル・コミュニティ地区」を指定(1971) ●田中角栄「日本列島改造論」(1972) ●住宅地を中心に地価高騰(1973) ●戦後初のマイナス経済成長(1974) ●伝統的建造物群保存地区制度(1975) ●日影規制(1976) ●第三次全国総合開発計画・定住圏構想(1977) ●東京、大阪で保守系知事(1979)	田中角栄 三木武夫 福田赳夫 大平正芳		1970年代
李登輝		●地区計画制度(1980) ●神戸市まちづくり条例制定(1981) ●世田谷区街づくり条例制定(1982) ●土地バブル本格化(1985) ●プラザ合意(1985) ●リゾート法制定(1987) ●株価が最高値を記録(1988) ●土地基本法制定(1989)	鈴木善幸 中曽根康弘 竹下登 宇野宗佑 海部俊樹		1980年代

	《韓国》		《台湾》
	社会的動向	大統領	社会的動向
1990年代	●詳細計画制度導入(1991) ●マウル・マンドゥルギが各地でスタート(1990) ●都市計画分野の地方分権化(1992) ●第1期民選自治(1995) ●大邱広域市中区三徳洞の塀崩し事業(1996) ●経済危機(1997) ●第2期民選自治(1998) ●ソウル市・北村での官民協働マウル・マンドゥルギ事業が始まる(1999)	盧泰愚 金泳三 金大中	●淡水、九份、清水、台南各地で地方歴史の変遷を記録する文史工作室が出現(1990) ●住民参加方式の計画事例始まる(1990年代) ●「専門家都市計画組織(専業者都市改革組織:OURs)が設立(1992) ●文化建設委員会が社区総体営造政策を発表(1994) ●文化建設委員会が社区営造モデル計画(大興街、福林、港口など)を採択(1995) ●台北市「地区環境改造計画」(1995) ●第一回総統直接選挙(1996) ●社区営造に関する実践事例の刊行物が増える(1997) ●初の「社区大学」(台北市文山社区大学)の開設(1998) ●921台湾集集大地震。住民、ボランティア、専門家などが協力して震災復旧・復興の動き(1999) ●台北市「社区規劃師」制度(1999)
2000年代	●都市計画法全面改正(地区単位計画導入)(2000) ●非営利民間団体支援法(2000) ●住民提案制度(2000) ●官民協働のマウル・マンドゥルギが浸透(2000年代) ●第3期民選自治(2002) ●日韓共同ワールドカップ開催(2002) ●都市計画法廃止・国土計画法に一本化 ●鎮安郡マウル・マンドゥルギ条例(2003)や光州市北区美しいマウル・マンドゥルギ条例(2004)をはじめ、多くの自治体での条例化、マウル・マンドゥルギセンターが設置 ●清渓川復元事業竣工(2004) ●均衡発展委員会(2005) ●第4期民選自治(2006) ●住みたい地域づくり特別委員会新設(2006) ●政府の各部でマウル・マンドゥルギの政策化が進む(2007) ●住居権運動が盛んになる(2008～)	盧武鉉 李 明博	●政党交替後、かつて「社区営造」に取り組んだ陳其南らが入閣(2000) ●「921震災重建暫定条例」を公布し、「921重建委員会」を設置する(2000) ●復興まちづくりの先進事例が出始める(2002年以降) ●行政院が「国家発展重点計画」に「新故郷社区営造計画」を位置付ける(2002) ●社区営造センターが台湾各地に設立(2002) ●地方文化館計画(2002) ●SARS流行、台北101オープン(2003) ●台湾初の民選総統の罷免案が行われたが不通過(2006) ●新故郷社区営造計画(2008) ●社区組織重建計画・専業団隊及社区陪伴計画(2009) ●八八水害とその復興事業(2009)
2010年代	●都市農業育成法制定(2011) ●NGOリーダー・朴元淳がソウル市長に当選(2011) ●都市再生特別法(2013) ●ソウル市・マウル共同体総合支援センター設置(2012) ●ソウル市・参加型マスタープラン(2013～) ●韓国マウル・マンドゥルギ支援センター協議会の発足(2014) ●韓屋など建築資産の振興法制定(2014)	朴槿恵	●台北国際花の博覧会(2010) ●ひまわり学生運動(2014)

《台湾》		《日本》			
総統	政権与党	社会的動向	首相・内閣	政権与党	
李登輝	中国国民党	●地価が最高値を記録（1990）	海部俊樹	自民党	1990年代
		●市町村都市計画マスタープラン制度が創設され住民参加が位置付けられる（1992）	宮澤喜一		
		●55年体制が終わる（1993）			
		●経済成長率がマイナス（1993）	細川護熙	非自民党連立政権	
		●真鶴町まちづくり条例（1993）	羽田孜		
		●阪神淡路大震災（1995）	村山富市	自由民主党	
		●地方分権推進法制定（1995）	橋本龍太郎		
		●消費税率アップで不景気に、経済成長率がゼロ（1997）			
		●特定非営利活動促進法制定（1998）			
		●中心市街地活性化法制定（1998）			
		●第５次全国総合開発計画（1998）	小渕恵三		
		●地方分権一括法制定（1999）			
		●情報公開法制定（1999）			
陳水扁	民主進歩党	●都市再生特別措置法制定（2002）	森喜朗		2000年代
		●景観法制定（2004）	小泉純一郎		
		●中越大震災（2004）			
		●人口減少始まる（2006）			
		●住生活基本法制定（2006）			
		●歴史まちづくり法制定（2009）			
			安倍晋三		
			福田康夫		
馬英九	中国国民党		麻生太郎		
			鳩山由紀夫		
		●東日本大震災（2011）	菅直人	民主党連立政権	2010年代
		●東京電力福島第一原子力発電所事故で深刻な被害（2011）			
		●2020東京オリンピック開催決定（2013）	野田佳彦		
		●安全保障関連法制定（2015）			
		●立地適正化計画制度が創設される（都市再生特別措置法改正）（2015）	安倍晋三	自民党連立政権	

おわりに

この本、「自分にあわせてまちを変えてみる力」は2006年から始まった、韓国・台湾・日本のまちづくり研究者による研究ネットワーク「ASCOM」を活動基盤とし、現地調査を通して得られた研究成果をもとに書かれたものです。この研究ネットワークには、多くの研究者・自治体職員がやNGO職員が参加してくれましたが、韓国・台湾の研究者の「日本のまちづくりを知りたい」という研究熱心さと、研究熱心さに導かれ、われわれも韓国・台湾のまちづくりの実態を調査することができました。

各国の悩みは多様ですが、コミュニティを信じて、その中で自分なりの地域づくりを求めていくプロセスは万国共通です。そういった共通法則を見つけながらも、「ちょっとした違い」を学びの材料として研究・調査を進めた結果がこの本にまとめられています。

この本ができあがるまでにはたくさんの方々の協力がありました。日本では渡辺俊一先生、米野史健さん、杉崎和久さん、後藤 純さん、そして日本と台湾をつないでくれた陳亮全先生、李永展先生、陳寛瑩（麗如）さん、韓国でのネットワークをとりまとめてくださった故 康炳基先生、金基虎先生、それからここには全員の名前は書けませんが、韓国・台湾の研究者・自治体職員の方々、NGO職員の方々、議論や調査にご参加いただいた全員に感謝申し上げます。

本研究を進めるうえでは、次のような支援がありました。

- 東アジアにおけるまちづくりの現代史を共有するアーカイブ・ネットワークの構築（トヨタ財団「アジア隣人ネットワークプログラム」）（2006-2008）
- 東アジアにおける「まちづくり」の比較研究（日本学術振興会「2国間交流事業／セミナー」）（2008）
- 韓国・台湾・日本における「マウル・マンドゥルギ／社区営造／まちづくり」の現代史の比較研究（平和中島財団「アジア地域重点学術研究助成」）（2007-2008）
- 『東アジアにおけるまちづくりの現代史を共有する日韓共同ワークショップ』（日韓文化交流基金助成金「人物交流」）（2008）
- 一般財団法人住総研・2015（平成27）年度出版助成

ネットワークを形成し、成果を発表できたのはこれらの支援によるところが大きく、ここに記して感謝申し上げます。

また、バラバラでまとまりのなかった本書の内容につながりをつくり、粘り強く編集をしてくださった萌文社の青木沙織さん、永島憲一郎さん、すてきなイラストでデザインカタログをわかりやすく表現してくださったcoton designの酒井博子さんに心から感謝申し上げます。

今後も構築したネットワークを基盤として、国をまたいだ学び合いの場が継続的に展開されることを望みます。似ているけれど、ちょっと違う隣人の人々こそ、とくに学び合いのパートナーとして重要なのだと考えています。

まちには大きなビジョンも必要ですが、生活者の手による「自分にあわせてまちを変えてみる力」が地域に蓄えられることは、まちを根っこからつくり変える力として今後のまちづくりに不可欠なことではないでしょうか。

本書がその力づけの足がかりとなれば幸いです。

2016年2月

共著者を代表して　　内田奈芳美

プロフィール

饗庭 伸
Shin AIBA

1971年、兵庫県生まれ。首都大学東京都市環境学部准教授。専門は都市計画・まちづくり。

現在までに、山形県鶴岡市のまちづくり、岩手県大船渡市綾里地区の災害復興、国立市谷保の空き家再生、世田谷区明大前地区まちづくりなどに関わる。現場での実践と都市計画やまちづくりの理論化を往復しながら研究を進めている。

著書に『都市をたたむ』（花伝社、2015）、『東京の制度地層』（編著、公人社、2015）、『白熱講義—これからの日本に都市計画は必要ですか』（共著、学芸出版社、2014）、『初めて学ぶ都市計画』（共著、市ヶ谷出版社、2008年）など。

秋田 典子
Noriko AKITA

大阪府生まれ。千葉大学大学院園芸学研究科准教授。専門は土地利用計画、景観・環境のマネジメント。

2004年、東京大学大学院工学系研究科都市工学専攻博士課程修了、2008年より現職。神奈川県真鶴町の景観まちづくり、静岡県伊豆市のコンパクトタウンの拠点づくりと都市構造の再構築、被災後の宮城県石巻市雄勝町や岩手県陸前高田市、大槌町のコミュニティガーデンを通じたコミュニティ支援等に関わる。都市計画とランドスケープや土木の境界領域の研究・実践に取り組んでいる。

著書に『住まいのまちなみを創る』（共著、建築資料研究社、2010）、『都市計画・まちづくり紛争事例解説』（共著、ぎょうせい、2010）『都市計画の理論』（共著、学芸出版社、2006）、など。

内田 奈芳美
Naomi UCHIDA

1974年、福井県福井市生まれ。埼玉大学・人文社会科学研究科経済系准教授。専門は都市論・まちづくり。

ワシントン大学（米・シアトル）修士課程修了、早稲田大学理工学研究科博士課程修了。博士（工学）。

日本学術振興会特別研究員、金沢工業大学・環境・建築学部講師などを経て、2014年から現職。石川県金沢市の文化的なまちづくりのありかたなどについて地域と取り組んでいる。

訳書に『都市はなぜ魂を失ったか』（講談社、2013）、著書に『金沢らしさとは何か』（共著、北國新聞社、2015）『まちづくり市民事業』（共著、学芸出版社、2011）など。

後藤 智香子

Chikako GOTO

1982年、千葉県生まれ。東京大学大学院工学系研究科都市工学専攻特任助教。専門は、住環境まちづくり、市民主体のまちづくり、都市計画。

2005年、東京理科大学理工学部建築学科卒業。2007年、東京大学大学院工学系研究科都市工学専攻修士課程修了。2011年、同専攻博士課程修了。博士（工学）。柏の葉アーバンデザインセンター（UDCK）ディレクターを経て、2014年から現職。

著書に『まちづくり百科事典』（共著、丸善、2008）、『日本の街を美しくする』（共著、学芸出版社、2006）など。

鄭 一止

Ilji CHEONG

1980年、大邱市（韓国）生まれ。神奈川大学建築学科助教。専門は都市計画・まちづくり。

これまでに福島県喜多方市の蔵を活かしたまちづくり、新宿区の景観計画、千葉県館山市の戦争遺跡を活かしたまちづくり、ヤミ市を起源とする横浜市六角橋商店街の景観まちづくり、釜山市（韓国）違法風俗街の地域再生などに関わる。また、植民地遺産など「負の遺産」を活かしたまちづくりの理論化の研究を進めている。

著書に『世界のSSD100—都市持続再生のツボ』（共著、彰国社、2007）など。

薬袋 奈美子

Namiko MINAI

日本女子大学家政学部住居学科准教授。専門は、まちづくり・住教育。

フィリピンなどの東南アジアの住民主体型まちづくりの研究から始め、生活しやすい住環境整備、住民主体の基礎となる住教育について取り組んでいる。神奈川県川崎市の生田緑地・向ヶ丘遊園跡地とその周辺、福井県福井市の田原町、東京都豊島区の雑司ヶ谷界隈などで、住生活の向上を意識した住民主体型まちづくりに携わってきた。東日本大震災被災地では、復興まちづくりの支援と同時に、神社や古くからの集落形態と被災直前の生活環境の比較調査も福島県いわき市の豊間、宮城県女川町などにて実施。

著書に『生活と住居』（共著、光生館、2013）など。

自分にあわせてまちを変えてみる力

──韓国・台湾のまちづくり──

2016年3月31日　初版第1刷発行

編　著　　饗庭 伸

秋田典子　　内田奈芳美　　後藤智香子

鄭　一止　　薬袋奈美子

発行者　　谷 安正

発行所　　萌文社

〒102-0071 東京都千代田区富士見1-2-32 ルーテルセンタービル202

TEL　　03-3221-9008

FAX　　03-3221-1038

Email　　info@hobunsya.com

URL　　http://www.hobunsya.com/

郵便振替　　00910-9-90471

印刷所　　モリモト印刷株式会社

book design and illustration　酒井博子

Printed in Japan.　ISBN:978-4-89491-308-0